FERME-ÉCOLE DU MESNIL-S-FIRMIN
(OISE)

COMPTE-RENDU
DES TRAVAUX DE 1848

PRÉCÉDÉ D'UN APERÇU

SUR L'ANCIEN ÉTABLISSEMENT AGRICOLE ET INDUSTRIEL

PAR

MM. BAZIN PÈRE ET ARMAND BAZIN

PROPRIÉTAIRES-DIRECTEURS

Nous ne trouvons en France et en Angleterre une
véritable tendance à la déclaration que dans les
croyances religieuses, dans le développement des travaux agricoles.

Revenir vers l'agriculture, doit être l'idée de
l'idée française ; ce n'est pas une simple affaire de
goût et de convenance, il s'agit du salut du pays
engagé dans une voie dangereuse. Nous répétons avec
les fossoyeurs dans *Hamlet* : ÊTRE OU N'ÊTRE PAS,
C'EST LA LA QUESTION.

(Annales provençales. — H. DE VILLENEUVE.)

PARIS
IMPRIMERIE SCHNEIDER, RUE D'ERFURTH

1849

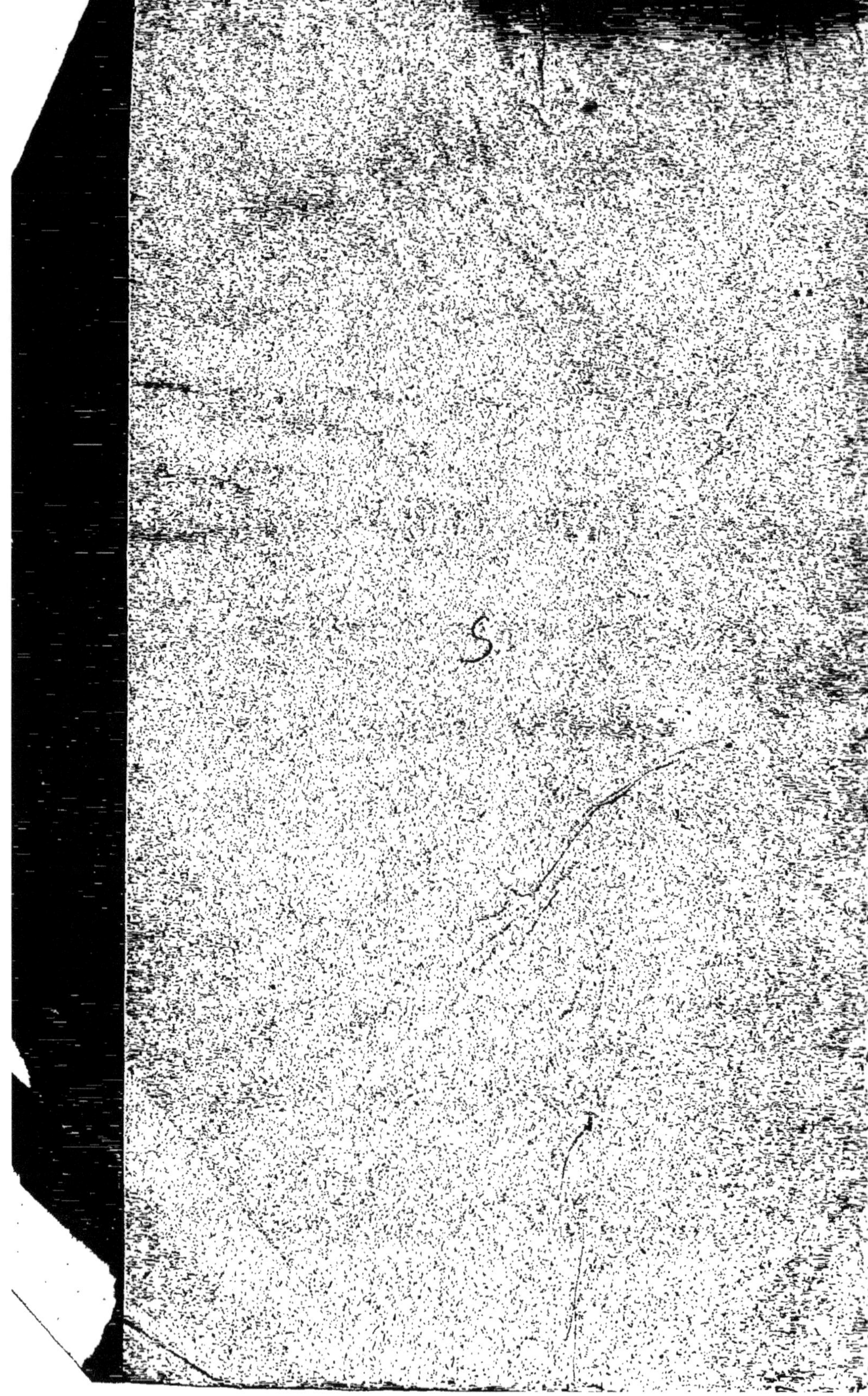

FERME-ÉCOLE

ET

ÉTABLISSEMENT AGRICOLE ET INDUSTRIEL

DU

MESNIL-SAINT-FIRMIN

(OISE).

C.

FERME-ÉCOLE DU MESNIL-S^T-FIRMIN

(OISE).

COMPTE-RENDU

DES TRAVAUX DE 1848

PRÉCÉDÉ D'UN APERÇU

SUR L'ANCIEN ÉTABLISSEMENT AGRICOLE ET INDUSTRIEL

PAR

MM. BAZIN PÈRE et ARMAND BAZIN

PROPRIÉTAIRES-DIRECTEURS.

> Nous ne trouvons en France et en Angleterre une
> véritable résistance à la dépravation que dans les
> croyances religieuses, dans le développement des
> travaux agricoles. . . . .
> . . . .
>
> Revenir vers l'agriculture, doit être l'idée fixe,
> l'idée française ; ce n'est pas une simple affaire de
> goût et de convenance, il s'agit du salut du pays
> engagé dans une voie dangereuse. Nous répétons avec
> les fossoyeurs dans *Hamlet* : « ÊTRE OU N'ÊTRE PAS,
> C'EST LÀ LA QUESTION. »
>
> (*Annales provençales.*—H. DE VILLENEUVE.)

————⊶⊷————

PARIS,

IMPRIMERIE SCHNEIDER, 1, RUE D'ERFURTH.

—

1849

FERME-ÉCOLE

ET

ÉTABLISSEMENT AGRICOLE ET INDUSTRIEL

DU

MESNIL-Sᵀ-FIRMIN

(OISE).

————→⊖←————

L'article 14 § 5 de l'arrêté constitutif de la *ferme-école du Mesnil-Sᵗ-Firmin* est ainsi conçu :

« *Le directeur publiera tous les ans un compte rendu de l'exploitation et de l'école, de leurs succès et de leurs revers.* »

Nous allons remplir ce devoir ; mais avant de parler des travaux de 1848, il nous semble nécessaire de faire connaître la situation dans laquelle se trouvait l'exploitation du Mesnil-Sᵗ-Firmin au moment de la création de la ferme-école. Cet exposé sera une sorte d'inventaire à l'aide duquel on pourra suivre nos opérations et apprécier leurs divers résultats.

Ce serait toutefois nous écarter de notre plan que de tracer ici l'historique complet du Mesnil-St-Firmin. Déjà d'ailleurs, à différentes époques, plusieurs notes ont paru dans les journaux sur notre culture et notre industrie.

L'honorable M. *de la Chauvinière* a le premier fait connaître l'établissement du MESNIL. Après l'avoir exploré en 1833 avec M. l'abbé *Poulet*, il a inséré dans le CULTIVATEUR, journal spécialement consacré à propager les progrès agricoles (1), plusieurs articles qui lui avaient été adressés par ce jeune ecclésiastique, dont la religion, les lettres et les sciences déploreront longtemps la perte récente.

M. *Grave*, dans ses intéressantes recherches statistiques de l'Oise, a aussi parlé plusieurs fois

(1) Vol. VIII, p. 331; vol. IX, p. 66, 137, 193.

de l'établissement du Mesnil avec une grande bienveillance.

Nous n'entrerons donc pas dans de longs détails, mais nous tâcherons d'être clairs ; nous serons surtout exacts.

Ce qui concerne la culture se divisera naturellement en 4 parties :

1° Les plantes,   3° Les engrais ;
2° Les machines,   4° Le bétail.

Un coup d'œil sur l'institut agronomique et sur la colonie d'orphelins du Mesnil-St-Firmin complétera ce qui a rapport à l'agriculture.

Nous dirons ensuite quelques mots des industries qui se rattachent à l'exploitation rurale et qui lui ont rendu trop de services pour n'être pas mentionnées.

Enfin nous esquisserons le tableau de la ferme-école et de la culture pendant l'année qui vient de s'écouler.

Nos observations ne seront relatives qu'à ce qui

a été fait au Mesnil, et nous ne voulons nullement les généraliser ; mais si nos expériences étaient répétées ailleurs dans des circonstances analogues aux nôtres, on en retirerait très-probablement quelque profit, car nos essais n'ont souvent été entrepris qu'à l'exemple des agronomes qui nous ont précédés dans la voie du progrès.

Aussi avons-nous bien plus cherché à améliorer qu'à créer ; ce n'est qu'après avoir cultivé nous-mêmes, suivant les méthodes généralement usitées dans le pays, la ferme du Mesnil, qui avait été avant nous exploitée par nos pères, que nous y avons introduit successivement les perfectionnements que nous avons reconnus nécessaires. Nous avons utilisé tout ce qui existait déjà ; si nos constructions laissent beaucoup à désirer sous le rapport de la régularité et de l'élégance, nous n'avons du moins à nous reprocher aucune dépense inutile et nous croyons avoir tiré le meilleur parti possible des bâtiments que nous avons trouvés à notre disposition.

PREMIÈRE PARTIE.

CHAPITRE PREMIER.

Plantes.

SECTION I. — CHOIX ET AMÉLIORATION DES PLANTES.

§ I. — *Choix des plantes.*

Le choix des plantes qui peuvent entrer dans l'assolement d'une exploitation est nécessairement subordonné à la nature du sol. Au Mesnil nous avons à cet égard une grande latitude. Le sol est généralement argilo-siliceux. Sur quelques points seulement il présente des parties argileuses, des parties siliceuses et des parties calcaires. Partout le sous-sol est profondément perméable et presque toujours argilo-siliceux; d'où il suit que nous avons la faculté de cultiver toutes les plantes appropriées à la température de notre climat. A différentes époques nous avons essayé la plupart de ces plantes sans même exclure les espèces qui, soit à cause de leur nouveauté, soit à cause des préjugés dont elles sont l'objet, ou de l'infériorité apparente de leurs produits, étaient à peine connues dans le département de l'Oise.

Ainsi nous avons cultivé, mais à titre d'essai seulement, la *madia sativa*, la *gaude*, le *mélilot de Sibérie*, la *cardère*, la *spergule*, le *topinambour*, le *turneps*, le *houblon*, etc., et parmi les céréales, le *seigle multicaule*, le *blé de miracle*, et une grande quantité d'espèces et de variétés de blés, d'orges et d'avoines.

Nous avons adopté

En 1re ligne :

Le blé d'hiver,	Le colza,
Le blé de mars,	La luzerne,
La betterave,	Le trèfle commun (*trifolium*
La carotte;	*pratense*).

En 2e ligne :

Les dravières (*pois, vesces,*   Le sainfoin,
   féveroles),   Le trèfle incarnat.
La pomme de terre,

L'orge disparaît presque entièrement de notre culture. L'avoine ne vient guère qu'après les luzernes rompues.

La sucrerie, qui fait partie de nos établissements industriels, nous a permis de donner au contraire une grande extension à la culture de la betterave.

§ II. — *Amélioration des plantes.*

Si l'on pense à la multiplicité et à la persévérance des efforts faits depuis quelques années par les horticulteurs de tous les pays, pour multiplier les espèces et les variétés des plantes qui ornent aujourd'hui nos jardins, on peut s'étonner qu'un plus grand nombre de cultivateurs n'aient pas suivi cet élan et soient restés, en ce qui les concerne, presque étrangers à des travaux si féconds en résultats surprenants. Il est vrai que les plantes destinées à l'agriculture proprement dite, ne se prêtent pas, comme un grand nombre de plantes d'agrément, à des transformations aussi simples que variées. Mais s'il est difficile pour les agriculteurs d'améliorer les espèces qu'ils cultivent, rien ne les empêche au moins d'essayer chez eux la culture des nombreuses variétés connues, et de choisir parmi toutes ces variétés celles qui sont les plus avantageuses, suivant le terrain qu'ils exploitent, le climat du pays qu'ils habitent, et les besoins des contrées qui les entourent.

Plusieurs agronomes de notre département et des départements voisins ont, depuis quelques années, fait des essais de ce genre, et leurs efforts sont loin d'avoir été perdus. C'est ainsi que M. *Gustave Canet*, M. *de Rainneville* aux environs d'Amiens, M. *Bertin* à Roye, MM. *Dumont* père et fils, près de Clermont, et plusieurs autres cultivateurs très-habiles ont introduit dans leurs propriétés des variétés de blé dont ils n'ont qu'à se féliciter tant sous le rapport du rendement que sous celui de la qualité.

Quant à nous, depuis longtemps nous avons l'habitude, en visitant nos champs de blé vers l'époque de la moisson, d'observer et de cueillir les épis qui, par leur forme, leur longueur, la qualité de leurs grains, ou par toute autre cause, attirent notre attention et méritent de devenir l'objet d'une culture spéciale.

C'est à cet usage de recueillir et de semer chaque année les plus beaux épis de blé observés, que nous devons la découverte de plusieurs variétés fort avantageuses. Mais l'une de ces variétés nous a paru tellement supérieure aux autres, que nous avons cru devoir lui donner la préférence à l'exclusion de toutes ses congénères et qu'elle est maintenant la seule cultivée au Mesnil.

Voici comment nous l'avons obtenue :

Blé du Mesnil.

En 1838, parmi les blés que nous avons choisis au moment de la récolte, 2 épis se faisaient surtout remarquer par leur forme et leur grosseur ; l'un d'eux contenait 91 grains.

Nous voulûmes les cultiver, persuadés qu'ils pouvaient servir à former une variété de blé très-productive.

Ces quelques grains de blé furent donc semés dans le jardin et devinrent l'objet de tous nos soins. Nous continuâmes cette culture pendant plusieurs années, semant toujours les grains des épis choisis dans un carré réservé du jardin et dans les champs le reste de notre récolte.

Ce blé justifia pleinement les espérances qu'il avait fait concevoir. A mesure qu'il était cultivé sur une plus grande échelle, les avantages qu'il avait d'abord offerts présentaient de nouvelles garanties de stabilité et inspiraient un nouveau degré de confiance.

Son rendement était bien supérieur à celui des autres blés cultivés dans les environs, et un examen plus attentif expliquait facilement cette supériorité. On trouvait en effet beaucoup d'épis qui contenaient plus de 70 grains. Un assez grand nombre en donnaient 80 et même davantage; tandis que les épis des autres blés en fournissaient rarement plus de 60.

Il produisait toujours un quart au moins plus que les autres blés cultivés dans le pays et dans les environs; mais comme ces derniers sont d'une qualité très-ordinaire et qu'on ne s'est jamais occupé de les améliorer, cet avantage n'avait rien de bien surprenant et ces observations laissaient beaucoup à désirer.

En 1842 une occasion favorable se présenta pour soumettre ce blé à une expérience plus rigoureuse et beaucoup plus concluante. M. *Conrad de Gourcy* venait de faire un voyage agronomique en Angleterre et en Ecosse. Frappé de la supériorité de plusieurs espèces de céréales cultivées par les Anglais, **M.** *de Gourcy* crut rendre service à son pays en essayant d'y introduire ces espèces. Il en recueillit donc de nombreux échantillons qu'il s'empressa, à son retour en France, de distribuer à ses amis. C'est alors que nous dûmes à la bienveillance de ce zélé *touriste* agricole 18 variétés de blés désignées sous les noms suivants :

1 Blood red wheat,	11 Elipse wheat,
2 Lammas red wheat,	12 Flander's white wheat,
3 Fireter's white wheat,	13 Chiddam wheat,
4 Golden drop wheat,	14 Red Britannia wheat,
5 Oxford prize wheat,	15 Whittington wheat,
6 Chevalier wheat,	16 Hunter's wheat,
7 Langleys red wheat,	17 Pomeranian wheat,
8 Brodies red seed wheat,	18 Flander's shord cared red
9 Talavera wheat,	wheat.
10 Foak's white wheat,	

Toutes ces variétés furent cultivées comparativement. *Aucune ne donna un produit égal à celui du blé du* MESNIL.

D'autres essais furent encore tentés avec des blés que nous devions à l'obligeance de M. *Vilmorin* et de quelques autres agronomes également distingués. C'est ainsi que l'on cultiva successivement :

Le blé de Talavera bellevue,
Le blé géant d'Éley,
Le blé de Hongrie,
Le blé red chaff Dantzick,
Le blé Wellington,
Le blé de Saumur,
Les blés Richelle, et Caille-Richelle, etc.

Sous le rapport du rendement, l'avantage est toujours resté au blé du MESNIL.

Des résultats aussi beaux et aussi inattendus ne permettaient plus de conserver aucun doute sur la grande fécondité de cette espèce de blé, et à partir de ce moment elle fut seule cultivée au Mesnil, à l'exclusion de toutes les autres.

La supériorité de ce blé, qui, jusque-là, était problématique, ne laissa plus alors aucune incertitude, puisqu'il avait résisté aux rigueurs de 5 hivers et que toujours il avait été plus productif que les autres. C'est aussi seulement à cette époque que l'on commença à le faire connaître.

M. *de Rainneville* fut un des premiers qui le vit, et qui, frappé de la grosseur de ses épis, voulut le cultiver dans sa propriété d'Allonville. Il en fut si content, que lorsqu'il apprit qu'il provenait de 2 épis trouvés par hasard au Mesnil, il lui donna le nom de *Blé-du-Mesnil.*

Tout en restant à ce sujet dans la plus grande réserve, nous avons conservé ce nom par respect pour l'honorable M. *de Rainneville,* et peut-être aussi par quelque sentiment d'orgueil national. Nous n'avons pas en effet la prétention de croire que ce soit une variété, encore moins une espèce nouvelle. Les céréales appartiennent à une famille de plantes dont les caractères sont très-stables; l'on ne crée pas des variétés de blé comme des variétés de roses ou de dahlias. Nous savons aussi que l'on cultive en Angleterre une variété de blé qui a beaucoup de rapport avec celle-ci; mais nous croyons que les Anglais n'ont pas plus formé cette variété que nous. Ils ont seulement le mérite de l'avoir appréciée, comme nous avons su deviner les excellentes qualités des 2 épis qui nous sont tombés par hasard sous la main.

Le *facies* de ce blé est très-caractéristique. La forme quadrangulaire de ses épis et la disposition de ses épillets qui sont serrés les uns contre les autres, suffisent pour le faire reconnaître à la première inspection.

On peut le décrire ainsi :

« Paille grosse, fistuleuse, d'un jaune pâle à sa maturité ; feuilles larges ; épis souvent peu développés dans le sens de la longueur, mais gros, quadrangulaires, d'un blanc jaunâtre, composés de 13 à 14 épillets de chaque côté de l'axe. Épillets pressés les uns contre les autres, ceux de milieu contenant 7 à 8 fleurs dont 5 ou 6 fertiles. Glumes et balles glabres et mutiques. Grains ovoïdes, d'un jaune rougeâtre, à cassure amylacée (*Pl.* I.).

C'est, comme on le voit, une variété du Triticum hibernum de *Linné*.

Une expérience de 9 années prouve qu'il résiste aussi bien à la gelée que les variétés les plus robustes. Son poids est égal à celui des blés ordinaires. Sa farine est plus blanche, mais peut-être un peu moins riche en gluten. Sa paille est plus grosse, moins exposée à verser ; les bestiaux la mangent avec plaisir. Son grain est nourri, coloré, de bonne qualité, mais plus dur à battre que celui de beaucoup d'autres variétés.

Il se cultive comme les autres blés. On doit le semer de bonne heure, si on veut en retirer tout le produit possible.

Déjà un assez grand nombre d'agronomes renommés ayant entendu vanter les produits de ce blé, ont voulu le cultiver. Tous ont été unanimes pour le préconiser. Mais ce qu'il y a de plus surprenant, c'est que beaucoup de petits cultivateurs, beaucoup de paysans même qui ont ordinairement peu de goût pour le progrès, ont aussi essayé de cultiver cette variété, et ils ont avoué qu'elle était plus productive que leur blé ordinaire. Un semblable témoignage ne peut être suspect et c'est, il nous semble, le plus grand éloge qu'on puisse faire de ce blé.

Parmi les nombreuses expériences faites au Mesnil, il suffit de citer les 2 suivantes qui résument toutes les autres :

1re *Expérience*. En 1841, le 20 septembre, dans un hectare de terre parfaitement préparé on sema *à la volée* 200 litres de blé du Mesnil.

Le même jour, dans un autre hectare, voisin du premier, et préparé de même, on sema avec le semoir-*Hugues* 110 litres du même blé.

Le 1er hectare, ensemencé à la volée, donna à la récolte. . . . . 38^{hect.},41

Le 2e hectare, ensemencé avec le semoir, en donna. . . . . 45 ,80

Voilà en faveur du semoir un avantage éclatant ; mais il faut un concours de circonstances extraordinaires pour arriver à ce résultat, et c'est la seule fois que l'ensemencement en lignes ait donné au Mesnil d'aussi beaux résultats. Il ne faudrait donc pas généraliser ces données ; mais on peut, sans craindre de se tromper, poser ce principe.

150 litres de blé semés en lignes, produisent autant que 200 litres semés à la volée.

C'est là un fait qui n'est pas nouveau, mais nous nous félicitons de l'avoir vérifié avec le blé du Mesnil. Nous devons même ajouter que cette variété, tallant beaucoup, se prête merveilleusement aux avantages des semis en lignes.

2ᵉ *Expérience.* Cette expérience a été faite il y a 2 ans. M. *Bertin*, qui dirige avec beaucoup de succès une grande exploitation agricole aux environs de Roye, cultivait depuis plusieurs années une espèce de blé à chaume et à épis rouge. Cette variété lui avait été rapportée d'Angleterre ; il la trouvait beaucoup plus productive que toutes les autres variétés cultivées à Roye et dans les environs.

Nous voulûmes comparer cette espèce avec le

blé du Mesnil, et nous ensemençâmes 177 ares avec le blé de M. Bertin, et dans le même champ 174 ares avec le blé du Mesnil.

De son côté M. *Bertin* faisait à Roye une expérience analogue. Malheureusement une confusion occasionnée par la négligence de son semeur vint troubler ses résultats et leur ôter tout degré d'exactitude. Nous regrettons beaucoup que cette circonstance ait empêché l'expérience de M. *Bertin* de servir de contrôle à la nôtre.

Voici ce que l'on obtint au Mesnil à la récolte de 1847 :

Les 177 ares, ensemencés avec le blé de M. *Bertin*, ont donné 57$^{hectol.}$,75 de grain, soit par hectare . . . . 32$^{hectol.}$,63

Les 174 ares ensemencés avec le blé du Mesnil, ont donné 68$^{hectol.}$,25, soit par hectare. . . . . . . 39 ,91

────────────

Différence en plus. . 7 ,28

C'est pour le blé du Mesnil un avantage de 18 p. 0/0.

Une telle différence est énorme, puisqu'on avait pris pour terme de comparaison une espèce rapportée d'Angleterre comme très-féconde et trouvée en effet par M. *Bertin* beaucoup plus productive que les blés de nos pays.

On peut donc dire sans aucune exagération que le blé du Mesnil rend en moyenne 20 p. 0/0 plus que les blés cultivés généralement en France.

Ces 2 résultats peuvent se formuler ainsi :

1° *Substituez aux variétés ordinaires de blé des variétés meilleures, et vous augmenterez votre récolte dans la proportion de* 20 p. 0/0.

2° *Semez en lignes au lieu de semer à la volée, et vous économiserez* 25 p. 0/0 *de semences.*

De pareils avantages sont de la plus haute importance, et doivent fixer l'attention des économistes, surtout dans un moment où la pomme de terre est frappée d'une affreuse maladie, et où cette plante précieuse semble vouloir nous échapper.

Nous allons en Angleterre chercher des instruments aratoires, des bestiaux, des plantes. N'est-il pas temps enfin de faire aussi quelque chose nous-mêmes?

Un cultivateur bien connu, M. *Decrombecque*, de Lens (Pas-de-Calais), qui a importé en France plusieurs instruments aratoires anglais, voyageait dernièrement en Angleterre. Il fut frappé de la beauté d'une variété de blé qu'il observa chez M. *Mechi*, célèbre agronome des environs de Londres. A peine revenu chez lui, M. *Decrombec-que*, en visitant ses moissons, fut surpris de la médiocrité de son blé en comparaison de celui de M. *Mechi*, et il allait écrire à ce dernier pour lui demander quelques litres de son blé, lorsque, visitant la ferme du Mesnil, il fut étonné d'y trouver un blé aussi beau et aussi productif que celui d'Angleterre. « *Donnez-moi*, nous dit-il, *un hectolitre de votre blé, je pourrai alors me passer de celui de M. Méchi. »*

Un aussi beau succès obtenu pour le blé d'hiver nous engagea à faire pour les autres céréales des essais analogues. Nous désirions surtout obtenir une variété de blé de mars et une variété d'avoine qui se distinguassent par leurs qualités des variétés ordinairement cultivées.

Avoine.

Pour l'avoine, nous sommes obligés d'avouer que jusqu'ici nos efforts ont complétement échoué et que parmi les 20 variétés connues dont nous avons essayé la culture, ainsi que parmi les plus beaux grains que nous avons nous-mêmes recueillis et semés avec soin, aucun ne nous a donné de résultats vraiment satisfaisants.

Blé de mars.

Nous avons été plus heureux pour le blé de mars.

Pendant quelque temps nous avions nourri l'espoir que le blé du Mesnil pourrait, comme le blé Richelle, être aussi semé en mars. Sur ce point nôtre espérance a été déçue. Semlé au printemps, le blé du Mesnil n'a pas mûri.

Blé de mars sans barbes.

C'est alors que nous avons cultivé avec assez de succès une variété à épis *allongés, blancs, sans barbes, à grains ovales, allongés, d'un jaune pâle.* Ce blé est bien connu dans nos pays : toutefois nous l'avons perfectionné en choisissant quelques épis beaucoup plus beaux et plus longs que les autres ; et en renouvelant ce choix pendant plusieurs années consécutives.

Mais cette variété, quoique très-bonne pour la qualité et le rendement de son grain, laisse à d'autres égards beaucoup à désirer. Elle a surtout le grave inconvénient d'être délicate et peu rustique, ce qui rend sa culture très-précaire surtout dans nos terrains qui sont froids et souvent humides à l'époque des semailles de printemps.

Blé Gourcy.

C'est un motif pour nous de préférer de beaucoup au blé de mars sans barbes une autre variété à *épis courts, carrés, barbus, à grains ovales arrondis, d'un jaune foncé,* qui nous a été apportée d'Angleterre, par M. *de Gourcy,* sous le nom de *Flander's short eared red wheat,* avec les 17 autres variétés dont nous avons parlé plus haut. (*Page* 12.) Mais la dénomination anglaise étant très-longue, d'une prononciation difficile et plutôt une description qu'un véritable nom spécifique, nous appellerons désormais cette variété *Blé-Gourcy,* heureux de pouvoir ainsi dédier ce blé à un agronome au zèle et au dévouement duquel notre agriculture doit la connaissance d'un grand nombre des plantes, d'instruments et de pratiques utiles.

Le blé *Gourcy* est cultivé au Mesnil depuis 4 ou 5 ans comparativement avec d'autres espèces qui n'ont jamais pu soutenir le parallèle. Il est très-rustique et réussit même dans des terres légères ; ses produits ont toujours été fort abondants, et l'avantage de sa culture est maintenant un fait acquis pour nous.

Quelques épis trouvés cette année dans notre champ de blé de mars nous donnent l'espoir d'obtenir une belle espèce.

Orge.

Plusieurs espèces d'orges nous ont donné d'excellentes récoltes. Nous avons cultivé avec quelque succès l'*orge nuc* (*hordeum cœleste* L.), caractérisée par son grain nu, non adhérent à la balle, et l'*orge trifurquée* (*hordeum trifurcatum*), remarquable par ses balles tribolées, sans barbes. Maintenant la culture de l'orge étant à peu près nulle dans notre exploitation, nous n'avons pu continuer nos observations et nous ne sommes pas fixés sur l'espèce qui convient le mieux à nos contrées.

Carotte.

La carotte que nous préférons est la *carotte
blanche à collet vert*. Ses rendements sont quelquefois prodigieux. Nous avons souvent obtenu
40,000 kilog. par hectare.

Cette année, pour la première fois, nous avons
semé une variété qui nous a été donnée par
M. *Martine d'Aubigny*, sous le nom de *carotte des
Vosges*. M. *Martine* pensait que cette variété avait
les feuilles moins touffues et la racine plus déve-
loppée que la *carotte à collet vert*. Mais ces résultats n'ont pas été confirmés au Mesnil. La *carotte
des Vosges* nous a donné des racines beaucoup
plus courtes et beaucoup moins volumineuses
que celles de la carotte à collet vert.

Betterave.

La betterave étant cultivée chez nous pour la
fabrication du sucre, nous avons dû rechercher
uniquement les variétés qui sont les plus propres

à recevoir cette destination. Suivant l'opinion
de M. *Crespel* et de plusieurs autres fabricants,
opinion justifiée par notre propre expérience,
la *variété blanche à collet rose* doit être préférée.
Ses feuilles sont moins développées que celles
des autres variétés : elles ombragent donc moins
la terre, ce qui permet à la racine de prendre
un plus grand développement et surtout de se
charger d'une plus grande quantité de principes
saccharifères.

Colza.

Le colza présente plusieurs variétés qu'il est
utile de connaître. Déjà nous avons fait quelques
choix ; mais nos essais sont encore trop impar-
faits et trop récents pour qu'on doive y attacher
quelque importance.

Pomme de terre.

Les semis nous ont procuré des variétés nouvelles qui n'avaient rien de bien saillant et que nous avons abandonnées.

Nous nous en sommes tenus à 3 espèces principales :

La *jaune hâtive;*

La *grosse blanche* ou *patraque blanche;*

La *rohan* que nous cultivons à cause de l'abondance de ses produits.

SECTION II. — ASSOLEMENT.

Après avoir essayé la plupart des assolements qui ont été indiqués comme les meilleurs, et avoir suivi pendant quelque temps un assolement entièrement libre où les mêmes plantes revenaient moins dans un ordre méthodique que suivant les exigences et les besoins de nos usines, nous avons en dernier lieu adopté, comme principal assolement, la rotation suivante qui justifiera probablement nos espérances.

1re *année*. . . . . Céréales.
2e — . . . . . Racines.

Le retour biennal des racines et des céréales sur le même terrain, sans interruption, est un assolement aussi simple que fécond ; il est d'ailleurs très-rationnel.

Quelle que soit, en effet, la théorie que l'on adopte pour expliquer les effets des assolements, il est incontestable que les racines réussissent très-bien après les céréales et réciproquement les céréales après les racines. La nature des éléments divers que ces 2 ordres de plantes puisent dans les engrais, et la différence de profondeur à laquelle s'enfoncent leurs racines, peuvent très-bien expliquer les avantages de cet assolement alterne.

Une autre cause vient encore concourir à ce succès.

Les plantes ont dans les êtres vivants des ennemis nombreux, mais les mêmes animaux ne se nourrissent pas des mêmes plantes. Plusieurs

espèces d'insectes attaquent les racines et respec-
tent les céréales. Nous avons observé sur les
betteraves un petit coléoptère qui ronge les premières feuilles de cette plante, quand elle commence à germer, et qui détruit souvent en quelques jours des champs entiers de betteraves. Tout
le monde connaît aussi les ravages occasionnés
dans les blés par la larve d'un insecte que l'on
appelle *elater segetalis*. Si l'on sème plusieurs années de suite des betteraves dans la même terre,
les petits coléoptères dont nous venons de parler, ayant l'habitude de déposer leurs œufs dans
l'endroit où ils trouvent leur nourriture, pul-
lulent d'année en année d'une manière souvent
étonnante et finissent par devenir tellement
nombreux, que leurs dégâts compromettent sin-
gulièrement le succès des récoltes. Au contraire,
si, après les betteraves on sème du blé, ces insectes ne trouvent pas dans cette céréale des
conditions nécessaires d'existence, et ils ne peuvent s'y reproduire. Les betteraves qui viendront

l'année suivante, après le blé, n'auront donc plus à souffrir des attaques de ces dangereux ennemis. — Les mêmes observations peuvent s'appliquer à l'*elater segetalis* qui est pour le blé un insecte redoutable.

Outre les avantages qui s'expliquent par des considérations relatives aux engrais et au mode de végétation des différentes espèces de plantes, on voit que la rotation biennale des racines et des céréales fournit encore un moyen efficace pour la destruction des insectes, et cela est de la plus haute importance, puisque tous les autres moyens employés pour éloigner ces insectes destructeurs, ont été jusqu'alors plus ou moins impuissants.

Parmi les racines qui entrent dans notre assolement, la betterave joue le rôle le plus important; elle sert à alimenter la sucrerie. La carotte et la pomme de terre n'occupent que 12 ou 15 hectares seulement.

Parmi les céréales, c'est le blé d'hiver qui do-

mine. On le préfère aux autres comme plus productif. Cependant, dans quelques terres fatiguées,
ou bien déblayées trop tard après l'arrachage
des betteraves, au lieu du froment d'hiver, on
sème au printemps du blé de mars ou de l'a-
voine.

L'assolement biennal présente un obstacle réel
qui nous a tout à fait embarrassés quand nous
avons voulu pour la première fois le mettre à
exécution. Cet obstacle, c'est l'espace de temps
trop limité qui reste après la récolte des betteraves pour faire en saison opportune l'ensemencement du blé d'hiver.

Au Mesnil, où l'air est vif, où le terrain est
froid, les betteraves ne mûrissent pas avant le
commencement d'octobre. Semé après le 20
ou le 25 de ce mois, le blé réussit bien rarement. Qu'on juge de nos difficultés pour arracher, déblayer et labourer en 20 à 25 jours
60 à 70 hectares de betteraves. Le charroi des
racines hors des grandes pièces, surtout quand

les pluies étaient abondantes, venait souvent renverser nos calculs.

Voici ce que nous avons fait pour abréger ces opérations :

Nos pièces de terre ont été divisées en tranches étroites. Leur largeur n'est que de 80 mètres. Les tranches paires portent des racines, pendant que les tranches impaires portent des céréales et réciproquement. Les betteraves, aussitôt la récolte, sont portées, moitié à droite, et moitié à gauche sur le chaume du blé. Ce transport est facile, puisque le plus long parcours n'est que de 40 mètres. Il se fait à bras d'hommes, avec des brouettes ou des civières qui n'ont pas, comme les voitures, le grave inconvénient de sillonner profondément et souvent même de *gâter* la terre. Les frais de transport sont aussi diminués. Cette méthode, fort simple du reste, mais que nous n'avons encore vu pratiquer nulle part, nous a permis de réaliser le projet d'un assolement que nous aurions peut-être abandonné, si nous n'avions pas eu la pensée de faire ces dispositions de terrain.

Quand les betteraves sont enlevées, on fait passer le troupeau de moutons qui consomme sur place les feuilles restées dans le champ. Puis un coup d'extirpateur est la seule préparation de la terre. On enfouit le blé par 2 dents de herse croisées (1).

Chaque année une ou plusieurs tranches sont distraites de la rotation ordinaire. On y sème du trèfle avec la céréale : la seconde année ces planches sont donc chargées de trèfle au lieu de betteraves. Ensuite on les fait rentrer dans l'assolement primitif en y mettant du blé, puis des betteraves. L'assolement biennal n'est donc que modifié par le retour tous les 10 ou 12 ans d'une récolte de trèfle substituée à une récolte

(1) Le terrain ayant été parfaitement défoncé avant la betterave, et continuellement cultivé par les sarclages donnés à cette plante, on conçoit que le sol est en très-bon état et qu'il n'a pas besoin de beaucoup de façons pour recevoir la semence du blé.

de betteraves. Cette légumineuse repose le sol et nous donne de beaux produits.

Cet assolement de céréales et racines, malgré son avantage, n'est pas le seul usité au Mesnil. Afin d'avoir au printemps quelques plantes fourragères pour notre bétail, nous avons, dans une partie de notre exploitation, adopté l'assolement triennal suivant :

1re *année.* Dravières (trèfle incarnat, seigle, escourgeon vert),

2e — Colza,

3e — Céréales.

Nous conservons aussi quelques hectares, soit pour y mettre de la luzerne, soit afin d'y cultiver, pour essai, certaines plantes autres que celles dont nous venons de parler.

Notre assolement biennal a parfaitement réussi jusqu'à présent, mais il n'a pas une date assez ancienne pour être aujourd'hui recommandé d'une manière absolue. Le succès des premières épreuves a besoin d'être sanctionné par une plus longue ex-

périence. Ainsi, malgré les produits déjà obtenus,
malgré notre confiance dans les données de l'a-
venir, nous ne voulons, quant à présent, signaler
les avantages de cet assolement que comme les
résultats d'un premier essai, et nullement
comme un fait définitivement acquis par la
pratique.

SECTION III. — QUELQUES OBSERVATIONS SUR LA CULTURE DE CERTAINES PLANTES, LEUR CONSERVATION, ETC.

§ Ier. Semailles en lignes.

Une des questions agricoles à la solution de
laquelle nous attachons beaucoup d'importance,
et qui nous préoccupe depuis plusieurs années,
est celle-ci :

« *Les semailles en lignes sont-elles préférables aux
semailles à la volée ?*

Cette question est complexe et nous paraît devoir se subdiviser comme il suit :

1° La semaille en lignes exige-t-elle nécessairement des binages ?

2° Convient-elle également à toutes les plantes ?

3° Augmente-t-elle la quantité des produits ?

4° A-t-elle une influence sur la qualité de ces produits ?

1° Les binages, à notre avis, sont indispensables pour le succès des semis en lignes. Les mauvaises herbes trouvant des espaces libres entre les lignes, s'y développent et, si on n'a le soin de les détruire, occasionnent un dommage qui est toujours considérable. Le binage est si important pour les cultures en lignes, que souvent le succès de ces cultures dépend uniquement de l'opportunité ou du prix de revient de cette opération.

Ainsi au Mesnil nous avons toujours échoué quand nous avons biné par des temps humides.

Avant d'avoir à notre disposition des instruments propres à abréger le binage à la main, nous n'avons réussi que pour quelques plantes seulement, et encore par exception.

2° Le semoir est loin de convenir à toutes les plantes.

Il nous a toujours paru très-avantageux pour les betteraves et pour les colzas.

Pour le blé d'hiver, sur 10 années d'expériences 2 seulement ont été favorables au semoir. Ce sont précisément les 2 années où le printemps ayant été sec, les mauvaises herbes ont pu être aisément détruites par les binages. L'humidité des autres années a empêché de nettoyer convenablement le sol. Au contraire, nous avons vu dans les terres moins fortes de quelques autres exploitations les blés en lignes réussir presque toujours.

Nous avons toujours été satisfaits des semailles en lignes pour le blé de mars et l'avoine. Nous attribuons ce succès à l'époque où se font les sarclages de ces plantes, pendant le mois de mai ou de juin, lorsque la température est ordinairement élevée et le terrain privé d'une humidité excessive. C'est surtout dans les champs où l'avoine a coutume d'être infestée par certaines plantes nuisibles comme la *sendre* (*sinapis arvensis*) et la *ravenelle* (*raphanistrum arvense*) que le semoir donne, en facilitant les binages, un avantage immense pour la destruction de ces mauvaises plantes.

3° La culture en lignes augmente la quantité des produits de la betterave, de la carotte, et du colza.

Pour les céréales de printemps, le rendement des grains nous a paru augmenté, et celui de la paille diminué.

Le blé d'hiver a presque toujours donné des produits plus abondants non-seulement en paille, mais encore en grains, lorsqu'on l'a semé à la volée, au lieu de le semer en lignes.

4° Les grains des céréales cultivées en lignes ont généralement plus de qualité et plus de poids ; mais cette règle n'est pas sans exception.

En résumé :

Pour le blé d'hiver, dans nos pays, l'éventua-

lité d'une foule de circonstances, telles que l'é-
conomie sur la quantité de semence, le prix de
cette semence, celui du sarclage, la nature du sol,
l'influence hygrométique de l'atmosphère, etc.,
nous a empêché d'asseoir définitivement notre
opinion sur les avantages de la semaille linéaire
appliquée à cette céréale.

Pour le blé de mars et l'avoine, malgré les
mêmes éventualités, nous croyons aux avantages du semoir.

Enfin, pour les racines et pour le colza, la supériorité de la culture en lignes nous paraît incontestable, surtout si l'on fait usage de houes
perfectionnées qui peuvent biner plusieurs lignes
ensemble.

§ II. *Jachère.*

Ce n'est pas ici le lieu de traiter la grande
et difficile question de la jachère et nous ne voulons que hasarder quelques mots sur ce point.

Les avis, nous le savons, sont fort partagés parmi les cultivateurs. Des praticiens fort habiles soutiennent que la jachère leur donne de plus beaux produits qu'aucun autre mode de culture (1). Rien n'est plus concluant que des faits, et nous nous inclinons toujours devant l'autorité des chiffres. Il est un concours de circonstances qui peut tout expliquer. Mais ce que nous n'admettons pas, c'est l'opinion de ceux qui pensent que la jachère est bonne dans tous les cas et qu'elle doit être admise en principe. Ce que nous ne pourrons non plus jamais respecter, c'est l'inconséquence de ceux qui pratiquent la jachère et qui négligent de recueillir leurs engrais ; de ceux qui subissent les dures et oné-

(1) Peut-être dans certaines terres exceptionnelles qui produisent des récoltes de blé fort abondantes, y a-t-il en effet avantage à cultiver cette céréale sur jachère ; c'est au moins ce que nous avons entendu soutenir par des cultivateurs très-éclairés, et cette opinion n'a rien qui nous étonne, quoiqu'elle ne s'appuie pas sur notre propre expérience.

reuses façons de la jachère et qui laissent leurs chaumes de blé en friche pendant tout un hiver ; de ceux encore qui veulent la jachère pour améliorer le sol et qui abandonnent leurs terres à l'invasion de toutes les mauvaises herbes.

Il nous semble que la jachère, quand elle est utile, est presque toujours la conséquence d'une culture dans l'enfance, et qu'on doit par tous les moyens possibles combattre cette triste nécessité. Pour nous, nous sommes les ennemis déclarés de la jachère. Nous la poursuivons de toutes nos forces et nous ne voulons pas plus lui donner asile dans nos champs que dans nos jardins.

§ III. *Meulons ou moyettes.*

Autrefois entièrement inconnu dans nos contrées, l'usage de mettre le blé en meulons au moment de la fauchaison est maintenant généralement adopté. Nous avons été les premiers à donner l'exemple de cette utile méthode et nous avons toujours continué à nous en servir.

Quand le temps est incertain à l'époque de la moisson, l'usage des moyettes nous paraît une nécessité et nous ne manquons jamais de nous y soumettre ; la plupart des cultivateurs sont de cet avis.

Mais quand le temps est beau doit-on encore mettre le blé en meulons ? Ici les opinions se partagent.

Lorsqu'on est à l'abri des craintes occasionnées par l'incertitude du temps, les moyettes présentent encore des avantages réels. Ainsi :

1° Le blé peut être emmeulonné avant d'être parfaitement mûr. L'usage des meulons donne donc un moyen d'avancer de quelques jours le commencement de la moisson et de ne pas avoir toute sa récolte à rentrer à la fois.

2° Par son séjour en meulons, le grain du blé

acquiert de la qualité, la paille aussi se façonne mieux.

Ces avantages sont contre-balancés par les considérations suivantes :

1° La confection des meulons exige une main-d'œuvre qui n'est pas sans inconvénient, dans un moment où les bras ne sont jamais trop nombreux ;

2° Le transport des javelles et la mise en moyettes occasionnent une certaine perte de grain.

Chacun doit peser ces considérations. Pour nous, même quand le temps ne donne pas d'inquiétude, nous mettons toujours la plus grande partie de notre blé en meulons.

§ IV. *Culture du colza.*

Il y a 2 méthodes bien connues pour la culture du colza.

Le *semis à demeure*,

Le *repiquage*.

Nous les avons souvent essayées d'une manière comparative.

Toujours l'avantage a été en faveur du semis en place. Nous avons donc à peu près renoncé à la transplantation.

Nous semons le colza de bonne heure, ordinairement vers la mi-juillet, quelquefois même dans les premiers jours de ce mois.

Nous n'avons jamais regretté ces semailles prématurées ; mais nous avons soin d'éclaircir notre plan à l'automne, afin que les tiges ne montent pas et qu'elles se durcissent à l'air pour résister aux gelées de l'hiver.

Nous semons en lignes. Nous avons pendant longtemps employé le semoir-*Hugues*; mais il exige les plus grands· soins, et malgré toutes les précautions prises par le conducteur, il arrive presque toujours qu'il répand très-inégalement les graines aussi petites que celles du colza. Nous avons mieux réussi, et nos semis ont été beaucoup plus réguliers, avec un semoir à cuillers, qui a été fait d'après nos dessins, dans notre fabrique d'instruments aratoires.

L'espacement entre les lignes de colza est de $0^m,33$ (1 pied). Nous donnons avant l'hiver un binage avec notre houe (*Pl.* 5 et 6), qui cultive 5 lignes à la fois ; on éclaircit ensuite à la main. Les colzas sont laissés dans les lignes à une distance de $0^m,20$ à $0^m,25$. Souvent un binage à la houe est encore donné après l'hiver.

Nous avons souvent obtenu de fort belles récoltes en semant le colza entre les lignes de pommes de terre, immédiatement après le buttage donné à celles-ci. Nous trouvons consignés dans nos notes les détails ci-après d'une ces expériences :

« En 1841, une pièce de terre argilo-calcaire, de médiocre qualité et peu fumée, fut partagée en 2 parties égales, contenant chacune 2 hectares.

« Dans la 1ᵣₑ on planta, au mois d'avril, des pommes de terre, puis, après le buttage donné en juillet, on sema des colzas. Après l'arrachage des pommes de terre; les colzas furent convenablement sarclés, éclaircis et réchaussés.

« Dans la 2ᵉ partie, on ne sema que des colzas en juillet.

« Le 1ᵉʳ champ donna à la récolte :

$$36^{hect},02 \text{ de graines.}$$

« Le 2ᵉ . . . . 32　,92　　»

Ces nombres offrent trop peu de différence pour que les 2 résultats ne soient pas considérés comme identiques.

Voilà donc un cas où la pomme de terre n'a pas diminué le rendement du colza. Mais nous n'avons pas été toujours aussi heureux.

Quoique cette culture intercalaire du colza nous paraisse bonne, l'assolement que nous avons adopté, et le peu d'extension donné chez nous à la culture de la pomme de terre, depuis l'apparition de la maladie, nous ont empêché de tirer de cette méthode tout le parti possible.

Maintenant, nos colzas entrent dans un assolement triennal entre un blé qui lui succède et un fourrage vert avec fumier en couverture qui lui sert de culture préparatoire.

Nous avons eu pendant longtemps l'habitude de battre nos colzas sur place dans les champs. Ensuite, nous avons trouvé plus commode et plus sûr de les rentrer et de les battre dans nos granges. Nous avons l'intention de les emmeulonner à la récolte prochaine. Si nous ne l'avons pas fait plus tôt, c'est uniquement à cause de la difficulté de trouver chez nous, où cet usage est inconnu, des ouvriers capables de faire des meulons avec soin et sans perte. Nous pensons que cette méthode est la meilleure, comme nous avons déjà eu l'occasion de nous en convaincre chez un de nos voisins, M. *Canet*, qui nous a toujours communiqué très-obligeamment les résultats de ses nombreuses et utiles expériences. Mis en meulons, le colza achève de mûrir, acquiert de la qualité et donne plus d'huile.

Betteraves et carottes. Porte-graines.

Au printemps, avant de planter les betteraves et les carottes pour graines, nous les coupons en 2 vers la moitié de leur longueur. La partie supérieure est seule plantée ; la partie inférieure sert de nourriture aux bestiaux.

Une expérience de plus de 10 années nous a prouvé que cette pratique ne diminue en rien les produits des porte-graines, et qu'elle donne le moyen d'économiser plus du tiers des racines destinées à la production de la graine.

Nous avons vu, chez M. *Decrombecque*, des betteraves porte-graines qui avaient été plantées à l'automne, et garanties de la gelée pendant l'hiver avec une couverture de fumier. Ces betteraves étaient beaucoup plus belles que celles plantées après l'hiver. Cette méthode, que nous n'avons pas encore essayée, fixera notre attention.

Conservation des racines.

Nous avons commencé par conserver nos pommes de terre dans des caves.

Lorsque nous avons voulu donner un plus grand développement à cette culture, nos celliers devenant trop petits, nous avons fait construire de vastes souterrains.

Plus tard, quand nous avons cultivé la betterave sur une grande échelle, nos souterrains devenant eux-mêmes insuffisants, nous avons creusé au milieu des champs des fosses pour y déposer nos récoltes.

Aux fosses véritables succédèrent des silos moitié souterrains et moitié supérieurs au sol, et maintenant toutes nos racines, betteraves, carottes et pommes de terre, sont conservées dans des silos entièrement extérieurs.

Cette dernière méthode nous paraît la meilleure et la moins coûteuse.

Les dimensions des silos sont de la plus haute importance. Pendant longtemps nous avons fait de très-grands silos. Les racines y paraissaient bien conservées, mais leur bon état n'était qu'apparent. En effet elles s'échauffaient et leur substance subissait une sorte de décomposition. Quoique cachée et nullement appréciable à l'œil, cette altération n'en était pas moins réelle, comme il était facile de s'en apercevoir, en soumettant ces betteraves à la fabrication du sucre. Celles qui provenaient de silos trop volumineux, donnaient toujours un jus moins riche en principes sucrés et présentaient de plus grands obstacles à leur transformation en produits commerciaux.

Quelle que soit la destination des racines, elles sont moins bonnes quand elles sont ainsi altérées. Pour l'alimentation du bétail, par exemple, elles contiennent moins de sucs nutritifs.

Depuis que nous avons reconnu ce genre d'altération, nous ne donnons à nos silos que des dimensions beaucoup plus restreintes :

1^m,00 de largeur à la base,

5 ,00 de longueur,

0 ,75 de hauteur.

C'est ainsi que nous conservons quelquefois jusqu'aux mois de mai et de juin des racines parfaitement saines.

Pour la conservation des carottes, il faut peut-être quelques précautions de plus. Ainsi nous avons remarqué que celles qui se gâtaient les premières et qui faisaient ensuite gâter les autres, étaient ordinairement celles qui avaient été cassées ou froissées au moment de l'arrachage. Nous avons donc maintenant le soin de séparer ces dernières, et, d'après cette précaution, les carottes saines, mises en tas séparés, se conservent beaucoup mieux et beaucoup plus longtemps qu'auparavant.

Lorsque les racines sont trop sèches au moment de la récolte, on jette de temps en temps dans les tas quelques pelletées de terre que l'on fait alterner par couches avec les racines.

L'épaisseur de la terre, qui sert à recouvrir les silos, varie de $0^m,16$ à $0^m,65$ cent. (6 pouces à 2 pieds) suivant l'époque plus ou moins avancée de l'hiver où les racines doivent être consommées.

Culture du trèfle incarnat.

C'est une opinion assez accréditée que le trèfle incarnat vient mal dans une terre bien labourée, et qu'il réussit au contraire parfaitement dans des chaumes à peine cultivés. On se borne donc souvent, après la récolte des céréales, à donner un coup d'extirpateur, et c'est sur une terre aussi mal préparée qu'on sème le trèfle incarnat.

Quelques cultivateurs vont plus loin. Lorsqu'ils ont de la graine en gousse, ils la sèment sur le chaume même sans aucune façon préalable; puis ils font passer la herse, ou même simplement le rouleau. Cette méthode a été recommandée par d'habiles agronomes (1), et adoptée par de bons

(1) Maison rustique du XIXe siècle, t. I, p. 513, *Vilmorin.*

praticiens. Nous-mêmes nous l'avons suivie pendant plusieurs années tout en reconnaissant qu'elle était contraire aux principes d'une saine et bonne culture.

Il est vrai que le trèfle incarnat ne vient pas dans un terrain trop meuble, et c'est pour éviter cet inconvénient qu'on le jette dans des chaumes couverts d'herbes. Évidemment c'est tomber d'un écueil dans un autre. La plante lève bien dans le chaume, mais à peine levée, sa végétation souffre du contact des mauvaises herbes qui l'étouffent.

Puisque le trèfle incarnat demande une terre fortement serrée, pourquoi ne pas commencer par labourer son champ pour le purger d'herbes, et puis faire ce qu'il faut pour le plomber convenablement? N'avons-nous pas des herses, des rouleaux et au besoin le fameux hérisson *Kroskill?*

C'est le parti qu'ont pris plusieurs cultivateurs, et notamment M. *Martine* d'Aubigny (Somme), chez lequel nous avons vu, dans des terres parfaitement labourées et parfaitement propres, du trèfle incarnat beaucoup plus beau que celui semé dans des chaumes incultes en compagnie d'une foule d'herbes nuisibles.

A l'exemple de ces cultivateurs, nous ne sommes pas restés asservis cette année au préjugé, et notre trèfle incarnat semé dans un sol bien labouré, puis fortement plombé, offre en ce moment la plus belle apparence.

Maladie des pommes de terre.

Nous avons essayé des semis de pomme de terre, non-seulement dans l'intention d'obtenir de nouvelles variétés, mais encore dans l'espérance de trouver un moyen de régénérer cette plante, qui, depuis quelques années, est atteinte d'une maladie pernicieuse.

Nos efforts ont été stériles, comme ceux des autres cultivateurs. Ni les semis, ni la précaution de couper les tiges aussitôt qu'elles paraissaient atteintes du mal, ni le soin de les saupoudrer de chaux, ni la plantation des tubercules avant l'hiver, ni aucun autre moyen ne nous a fourni un remède préservatif de la maladie.

Mais quand les tubercules ne sont que légèrement atteints au moment de leur maturité, même quand ils sont déjà tachés, pourvu qu'ils n'aient pas encore commencé à se ramollir et à se putréfier, il y a un moyen d'entraver la marche du mal. Ce moyen consiste à déposer les tubercules dans un endroit sec, aéré, ou même à les mettre dans des silos, en couches minces, que l'on sépare par des lits alternatifs de cendre ou de sable sec. Cette méthode nous a toujours réussi.

Du reste il nous est souvent arrivé, dans le cours de nos expériences, d'obtenir les résultats les plus bizarres.

Ainsi nous plantions des pommes de terre malades, elles produisaient des tubercules sains. A côté nous placions des pommes de terre saines, elles nous donnaient des tubercules malades.

Une année, les pommes de terre hâtives étaient moins attaquées que les autres, l'année suivante c'était le contraire.

Des résultats aussi inattendus et aussi contradictoires semblent prouver que cette maladie prend sa source dans les variations atmosphériques, et naît sous l'influence de causes que nous ne pouvons pas facilement atteindre, ni combattre. Il est donc probable que cette altération sporadique aura, comme toutes les maladies de ce genre qui attaquent soit les plantes, soit les animaux, ses périodes d'intensité et de faiblesse, d'apparition et de disparition, et qu'un jour peut-être elle s'éloignera pour ne plus jamais revenir.

Ce qui est certain pour nous, c'est que depuis le commencement de la maladie, les pommes de terre, même celles qui ne sont pas attaquées, donnent des produits moins considérables qu'auparavant. Ainsi quand la cause du mal n'est pas assez énergique pour désorganiser entièrement

la plante, elle exerce cependant sur elle une influence assez puissante pour s'opposer au développement de ses tubercules. Autrefois nous ob-
tenions souvent dans des terres ordinaires par
hectare. . . . . 200 hectolitres.
     Depuis la maladie, nous en
avons rarement plus de. . . 120

On a dit que dans plusieurs localités les betteraves et les carottes avaient été atteintes d'une
maladie qui paraissait avoir beaucoup d'analogie
avec celle de la pomme de terre. Nous n'avons
rien observé de semblable au Mesnil. Nous avons
vu quelquefois des betteraves dont la végétation
languissante semblait annoncer un état maladif;
mais en observant les feuilles jaunies de ces
plantes, nous y avons trouvé des larves d'insectes qui étaient la seule cause du mal. Ces larves, à cause de la singularité de leurs mœurs,
mériteraient d'être décrites, mais nous attendons
pour les faire connaître que nous ayons com-

plété nos recherches sur leurs habitudes et sur le mode de ravages qu'elles exercent.

Soin des pépinières.

Nous avons une grande pépinière d'arbres fruitiers à hautes tiges. Ce sont principalement des pommiers.

Ces arbres sont placés dans un terrain argileux, profondément défoncé et fortement fumé avant la plantation, sarclé ensuite plusieurs fois chaque année, et recouvert à l'automne d'une couche épaisse de feuilles ramassées dans les bois environnants. Malgré tous ces soins, il arrivait souvent que le tronc et les branches se couvraient d'une foule de lichens (*parmelia candelaria, ramalina farinaceo, ramalina fastigiata*, etc., etc.) qui épuisaient les arbres et entravaient leur végétation. Sur quelques pieds aussi, dans les cicatrices laissées le long du tronc par la taille des rameaux, se logaient une multitude de petits insectes et notamment de *pucerons lanigères*.

Nous sommes parvenus à nous débarrasser de tous ces parasites, en appliquant chaque année une couche de chaux sur les branches et sur le tronc de nos arbres. Cet alcali détruit parfaitement les lichens et les insectes, et depuis que nous pratiquons cette opération, nos pommiers ont une écorce très-lisse et une très-belle végétation.

CHAPITRE II.

Machines.

Jusqu'à la fin du siècle dernier, la mécanique agricole fut entièrement négligée en France. Depuis quelques années seulement, une révolution complète semble vouloir s'opérer dans cette partie importante de l'agriculture. Malheureusement un trop petit nombre de cultivateurs ont pris part à cette impulsion, et sont restés, comme le remarque M. *de Gasparin*, religieusement attachés au principe de *Caton* : « *Ne change pas ton soc.* »

Il faut avouer que la voie dans laquelle ont voulu entrer quelques novateurs, n'était pas fort attrayante pour les praticiens, et que ceux-ci ont dû montrer de la surprise, quand on est venu leur présenter des instruments aussi coûteux et compliqués que difficiles soit à construire, soit même à réparer.

Nous nous sommes associés de tout notre pouvoir au perfectionnement des machines agricoles, mais nous nous sommes abstenus de tout ce qui était luxe et superflu. Nous nous sommes bien gardés surtout d'imiter certains agriculteurs anglais dont la ferme présente tout un arsenal d'instruments aratoires.

Nous voulons pour la culture de bons instruments, mais nous les voulons simples et peu coûteux. Nous ne pouvons admettre tous ces mécanismes compliqués et élégants, mais inutiles et incommodes ; de ce nombre sont, suivant nous, ces vis soigneusement taraudées qui tournent avec aisance sous le toit d'un atelier, et qu'un grain de poussière arrête sur le terrain ; ces ressorts dont la précision étonne l'amateur et dont le praticien condamne la fragilité; enfin tous ces prodiges de la mécanique industrielle, qui, dans la main de l'agriculteur, deviennent de véritables hochets.

Le fer entre presque exclusivement dans la confection des nouveaux instruments aratoires. Peut-être est-il regrettable qu'il en soit ainsi. Le bois nous semblerait devoir être préféré, pour que tout charron de village, un peu intelligent, pût construire ou du moins réparer convenablement les charrues et autres instruments dont se servent les cultivateurs de son voisinage, sans qu'on soit obligé de recourir au creuset du fondeur, ou à la filière du mécanicien (1).

En nous exprimant ainsi, nous n'entendons assurément faire aucune critique de la mécani-

(1) Nous savons que quelques cultivateurs fort respectables sont partisans du fer pour les instruments aratoires. Notre intention n'est pas d'engager ici une polémique à ce sujet, nous avons voulu seulement émettre notre opinion, mais sans blâmer celle de personne.

que agricole. Nous n'avons d'autre intention que de justifier l'usage suivi au Mesnil pour la simplicité et le peu de variété de nos instruments.

Araire.

Nous nous servons de l'*araire brabançonne* à laquelle nous avons fait subir quelques modifications.

Le soc est en fonte. Nous avons fait construire le modèle de ce soc qui nous est propre. Une lame tranchante, en fer aciéré, est rapportée avec des boulons sur le bord inférieur.

Le versoir, au lieu d'être en fer forgé, consiste en une plaque de tôle qui est courbée sur une matrice.

Nous avons été guidés dans le choix des courbes du soc et du versoir par la nature de notre terrain, le genre de notre culture et le mode des façons qui conviennent à cette culture.

Nous n'avons pas conservé l'application de la traction à l'extrémité de l'age : cette disposition donne trop de mobilité à l'instrument. Nous avons préféré la méthode *Dombasle* qui consiste à fixer l'extrémité de la chaîne de tirage sous l'âge en avant du coutre. Ce procédé assure à l'araire une marche plus régulière.

Le régulateur de la *charrue du Brabant*, ne pouvant pas se mouvoir verticalement, nous a paru imparfait. Nous lui avons substitué le *régulateur à crémaillère*, composé de 2 branches, l'une horizontale pour régler la largeur de la raie, l'autre verticale, pour faire, en montant ou en descendant, piquer plus ou moins la pointe du soc.

Le patin a été maintenu. Sa suppression nous a toujours empêché de faire varier à volonté l'entrure de la charrue. Avec le patin, au contraire, notre araire exécute aussi parfaitement les labours d'écroûtage que les labours les plus profonds.

Le sep est bardé de lames de fer sur la surface inférieure et sur la surface latérale extérieure.

L'araire, ainsi modifiée, est à peu près la seule charrue employée au Mesnil pour les labours ordinaires. Mais par respect pour les traditions locales, et peut-être aussi par déférence pour les habitudes routinières de quelques vieux serviteurs, nous avons conservé un petit nombre de *charrues picardes*. Avouons cependant que, malgré la sévérité de la critique à son égard, cette espèce de charrue présente aussi des avantages incontestables, et que nous l'avons souvent employée avec succès dans les terrains difficiles et notamment dans ceux où les silex abondent.

Charrue à défricher les bois.

Pour les défrichements de bois nous nous sommes servis avec beaucoup d'avantage d'une espèce de charrue monstre mi-picarde, mi-brabançonne, qui provient de nos ateliers.

L'age, les étançons, le sep et l'avant-train ont beaucoup d'analogie avec les parties correspondantes de la charrue picarde. Le versoir et le soc ressemblent au versoir et au soc des charrues du Brabant, mais l'oreille du soc est beaucoup plus courte.

L'age a $0^m,16$ de diamètre, et les dimensions des autres parties ont été augmentées dans la même proportion.

La partie la plus importante est le coutre qui a reçu une disposition toute particulière. Sa pointe D vient s'adapter dans une rainure pratiquée près du bord extérieur du soc et il est muni d'un support AB qui traverse le soc et se visse dans un écrou C à sa partie inférieure.

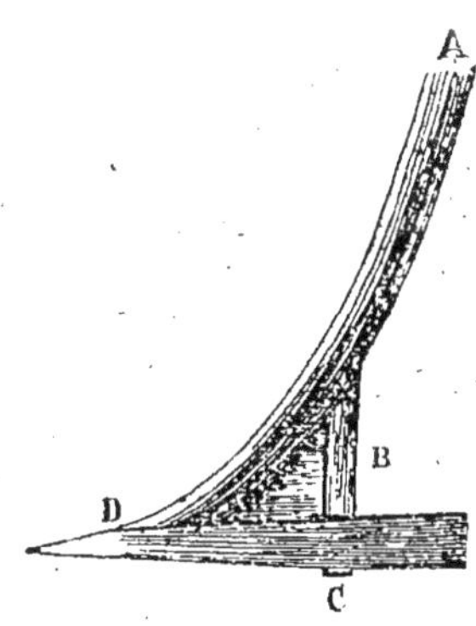

Ainsi construite, cette charrue a une grande puissance. Le coutre trouvant sur le soc un point d'appui solide, tranche des racines aussi grosses que le bras, et le soc soutenu par le coutre arrache toutes les cépées. Les grosses souches résistent donc seules à cet instrument et sont ensuite arrachées à la main.

Attelée de 4 ou 6 chevaux, suivant les difficultés du terrain, cette charrue peut défricher par jour de $0^{\text{hect}},25$ à $0^{\text{hect}},30$.

3 hommes sont nécessaires pour la mener. Le 1er dirige les chevaux, le 2e tient les mancherons, le 3e coupe avec une cognée les racines trop fortes, marque avec des jalons les souches qui résistent à la charrue, et aide à dégager celle-ci des obstacles qui l'arrêtent. Quand ce travail préliminaire est opéré, 3 ou 4 ouvriers suffisent ordinairement pour compléter le défrichement, c'est-à-dire pour arracher les souches non atteintes, ou enlever les racines imparfaitement brisées.

Fouilleur.

Le but de cet instrument est d'ameublir profondément le sous-sol sans le ramener à la surface de la terre.

L'opinion d'hommes sérieux et compétents qui reprochent aux labours profonds : 1° de ramener la mauvaise terre à la surface du sol; 2° d'enfouir les engrais à une profondeur où la plupart des racines ne peuvent pénétrer, nous a toujours paru fort grave. Ces objections ne prouvent rien, il est vrai, contre les bons effets des labours profonds, mais à côté de ces avantages, elles signalent de véritables inconvénients qu'il importe d'éviter.

Pour ameublir le sous-sol, sans le ramener à la surface de la terre, on s'est servi depuis longtemps déjà d'instruments divers, tels que la *charrue-taupe* et la *charrue sous-sol*, qui, à vrai dire, ne sont que des *charrues brabançonnes* privées de leur versoir. M. *Vilmorin* a aussi employé pour cet usage *le cultivateur ou buttoir à pommes de terre*. Ces instruments, que nous avons tous essayés, nous ont paru bien loin d'atteindre le but qu'on se propose.

Nous avons vu un fouilleur anglais, monté sur 4 roulettes, qui nous a semblé beaucoup plus parfait. Mais le soc unique est trop étroit pour remuer la terre dans toute la largeur des sillons, et la complication des roulettes vient augmenter le prix de l'instrument et rendre sa marche difficile dans les terrains humides.

Le fouilleur (*Pl.* 2) que nous employons au Mesnil se compose :

D'une haie, élargie postérieurement en un plateau où s'insèrent 3 socs en cuiller, disposés en triangle ;

De 2 mancherons ;

D'un régulateur pour commander la direction de l'instrument et la profondeur du labour ;

D'un patin pour maintenir le fouilleur en équilibre quand son entrure est réglée ;

D'une chaîne pour l'attelage.

Cet instrument est très-facile à diriger. Quand le régulateur et le patin sont convenablement placés, un enfant peut aisément le conduire.

Le fouilleur doit toujours suivre une charrue à versoir et marcher dans le sillon tracé par celle-ci. Il peut pénétrer ainsi jusqu'à une profondeur de $0^m,30$ à $0^m,40$.

Depuis que nous faisons usage du fouilleur, le rendement de nos récoltes, et principalement celui de nos racines, a été sensiblement augmenté.

Plusieurs agronomes, parmi lesquels nous sommes heureux de pouvoir citer M. *Dailly* et M. *Canet*, ont fait l'essai de cet instrument, et ils se sont tous accordés à lui donner leur approbation et à en propager l'usage.

Nous avons fait breveter ce fouilleur, afin de nous en réserver la construction et de pouvoir employer à ce travail quelques-uns des orphelins de notre colonie du Mesnil-St-Firmin. Aujourd'hui nous nous félicitons d'autant plus d'avoir pris cette résolution, qu'une ferme-école a été créée dans notre exploitation et que nous pourrons occuper à cette fabrication ceux de nos élèves qui voudront s'adonner au charronnage et à la maréchalerie.

Depuis que nous avons pris un brevet, plusieurs cultivateurs nous ont écrit pour nous contester l'invention du fouilleur et pour réclamer la priorité. Les instruments dont ces cultivateurs nous ont transmis la description et le dessin sont tellement différents du nôtre, qu'il nous paraît impossible de pouvoir les confondre ; et sans vouloir ici en discuter le mérite respectif, nous pensons qu'ils doivent être considérés comme des instruments entièrement distincts et qu'ils ne peuvent se porter entre eux d'autre préjudice que celui résultant du choix et de l'appréciation des agronomes. Quant à nous, nous déclarons sincèrement que nous ignorions complétement l'existence de ces machines au moment où nous avons fait construire notre premier fouilleur.

Extirpateur.

Nous donnons ici (*Pl.* 3 et 4) le dessin de l'extirpateur que nous avons adopté au Mesnil. Le modèle provient de nos ateliers.

Il est composé d'un châssis triangulaire, en bois garni d'un bandage de fer très-mince. 3 traverses aussi en bois sont placées dans l'intérieur du triangle parallèlement à la base. Ces traverses servent à porter les dents. Le châssis est monté sur 2 roues fixées aux extrémités de la base, et sur un patin placé au sommet du triangle. Les tiges qui portent les roues et le patin peuvent être montées ou descendues pour faire varier l'entrure de l'instrument.

Le seul mérite de cet instrument, celui qui le distingue des autres extirpateurs, consiste dans la disposition et l'espacement des dents. Cette modification, qui est fort simple, et qui se présente tout naturellement à l'esprit, procure l'immense avantage de pouvoir se servir de cet extirpateur dans les terres les plus enherbées ou les plus chargées de fumier, sans que ni les herbes ni le fumier s'engagent entre les dents et arrêtent la marche de l'instrument.

Cet extirpateur a en outre l'avantage d'être simple et peu coûteux.

Il est bien évident que la meilleure disposition des dents est celle qui ne permet pas aux herbes ni au fumier de s'amasser entre elles; mais il est peut-être plus difficile de déterminer quelle est la forme la plus convenable que peuvent avoir ces dents. Quelques cultivateurs veulent des dents plates, dites à *patte d'oie;* d'autres aiment mieux les dents redressées, bombées, dites *à cuiller.* Pour nous, de nombreux essais n'ont pu fixer notre choix d'une manière absolue; mais nous préférons tantôt l'une de ces 2 formes et tantôt l'autre, suivant le genre de travail que nous voulons exécuter.

Ainsi les dents à *patte d'oie* nous paraissent préférables pour enfouir les semences, parce qu'elles ne forment pas de sillons et laissent le grain également réparti, au lieu de le disposer en lignes plus ou moins épaisses et irrégulières. Les *dents à cuiller* nous semblent meilleures pour façonner la terre, parce qu'elles soulèvent et ameublissent mieux le sol, mais elles donnent plus de tirage.

Afin de profiter de ces avantages divers, nous avons fait adapter à chacun de nos extirpateurs 2 montures de dents, une à *patte d'oie*, une autre à *cuiller*, et suivant le travail que nous désirons exécuter, nous prenons l'une ou l'autre monture.

Rouleau.

Nous nous servons de rouleaux ordinaires ; leur diamètre varie de $0^m,20$ à $0^m,50$, leur longueur de 2 mètres à $2^m,60$.

Le diamètre est trop petit et la longueur trop grande.

Ces rouleaux sont donc mauvais pour ces 2 raisons, et si nous les avons conservés jusqu'à présent, c'est uniquement parce qu'ils existent et que nous avons voulu les user avant d'en faire construire de nouveaux. Nous les avons souvent entendu blâmer, et nous nous gardons bien de les défendre. Ils n'ont pour eux que la routine.

Nous nous rappelons à ce sujet une opinion qui doit être d'un grand poids, c'est celle de M. *Polonceau*. Pendant un trop court séjour au Mesnil, l'habile ingénieur nous a fait connaître avec une bienveillance toute particulière plusieurs pratiques excellentes, fruits de ses nombreuses et savantes recherches. Nous avons noté avec soin toutes ses observations pleines d'intérêt et d'utilité pour nous, et sa judicieuse critique sur les rouleaux a été exactement consignée.

Le 1ᵉʳ rouleau que nous ferons construire aura donc au moins 1 mètre de diamètre et au plus 1ᵐ,30 de longueur. Son travail, nous en

sommes convaincus, sera plus régulier et exigera
moins de force de traction. Nous ne comprenons
pas que cette forme de rouleau, dont la science
démontre les avantages, soit encore entièrement
inusitée dans le pays que nous habitons.

Peut-être aussi, pour éviter dans les tour-
nants l'effet désagréable des rouleaux qui glis-
sent au lieu de rouler, pourrait-on, à l'imitation
du *brise-mottes Kroskill*, les composer d'anneaux indépendants qui tourneraient les uns sans les autres; cela vaudrait mieux, ce semble, que de les
faire d'un seul cylindre qui est obligé de se
mouvoir tout d'une pièce.

Brise-mottes Kroskill.

Nous avons fait construire un brise-mottes
Kroskill d'après un modèle venu d'Angleterre
et qui nous a été communiqué par M. *Décrom-
becqué.*

Cet instrument se compose d'une série d'anneaux en fonte enfilés dans un axe en fer. Ces

anneaux sont hérissés de pointes à leur circon-
férence : ils sont indépendants et peuvent tourner les uns sans les autres. Leur diamètre varie
de 0^m,50 à 1 mètre. Ceux de 1 mètre sont regar-
dés comme les meilleurs, parce qu'ils donnent
moins de tirage.

Le brise-mottes Kroskill peut être considéré
comme un hérisson d'une grande force. Il est
excellent pour raffermir les terres trop légères,
sans avoir, comme le rouleau, l'inconvénient de
les plomber. Son effet ne peut être mieux com-
paré qu'au piétinement d'un troupeau de moutons, mais son action est beaucoup plus énergique. Comme l'indique son nom, il réduit en
poudre les mottes les plus dures, et peut, dans
certains terrains, remplacer à la fois la herse et
le rouleau.

Cet instrument nous paraît appelé à rendre de
grands services ; mais il ne faut pas en exagérer
l'importance. Ainsi, certains partisans enthou-
siastes du brise-mottes, n'ont pas craint, dans

leurs préoccupations, de lui attribuer la propriété merveilleuse de détruire instantanément
tous les vers blancs d'une exploitation. Nous
connaissons trop bien les mœurs des larves de han-
neton, qui s'enfoncent souvent à $0^m,20$ et $0^m,50$
sous terre, pour penser que le brise-mottes le
plus énergique puisse jamais les atteindre à une
telle profondeur. Tout au plus pouvons-nous
admettre qu'il écrase les plus téméraires qui osent
parfois s'aventurer près de la surface du sol.

Houe à cheval.

La *houe à cheval* que nous employons au Mesnil peut sarcler plusieurs lignes à la fois. Elle
sert pour toutes les plantes, le blé, la betterave,
le colza etc., quelle que soit la distance des lignes. Nous ignorons s'il existe ailleurs une houe
présentant ces précieux avantages; celle du Mesnil, dont nous donnons le dessin, a été construite
ici d'après nos plans.

Le châssis en bois (*Pl.* 6) se compose :

D'une haie F terminée antérieurement par 1 régulateur E et postérieurement par 2 mancherons IH ;

De 2 barres AB, CD perpendiculaires à la haie ;

De 2 traverses MN servant à maintenir l'écartement des barres AB, CD.

Dessous la barre AB, à une distance de $0^m,04$, se trouve une autre barre entièrement semblable. Entre ces 2 barres, dans l'intervalle laissé entre elles, sont des brides en fer $a\,p$, $u\,v$, st, $r\,b$. Dans la partie antérieure a, u, s, r de ces brides passent les tiges des socs de la houe. A la partie postérieure k, v, t, l sont des clefs en bois, coniques, qui, en faisant pression sur la barre AB, assujettissent les brides et fixent les tiges des socs à la hauteur que l'on désire. Enfin, les 2 brides extrêmes ont aux points p et b des ouvertures pour laisser passer les tiges des roulettes. La tige du 5e soc traverse la haie au point q où on la fixe à la hauteur voulue, au moyen d'un petit coin en fer.

Dessous la barre CD se trouve aussi, à la hauteur de $0^m,04$, une autre barre entièrement semblable, et de même entre ces 2 barres, sont placées des brides $c\ i\ e$, $f\ j\ d$, mais au nombre de 2 seulement. Ces brides ne portent que des roulettes et pas de socs ; elles sont traversées aux points cd par les tiges des roulettes, aux points $i\ j$ par des clefs en bois, et aux points ef par de petits morceaux de fer prismatiques qui font pression contre la barre CD, quand on serre les clefs pour assujettir les brides.

On voit donc que cet instrument est monté sur 4 roulettes qui peuvent monter ou descendre à volonté.

On voit aussi qu'il porte 5 fers pouvant de même s'élever ou s'abaisser.

L'instrument (*Pl.* 6) est représenté avec 5 socs espacés entre eux de $0^m,24$. C'est la distance ordinaire pour les céréales dont la houe bine 5 lignes à la fois.

Supposons qu'on ait à biner des lignes espacées de $0^m,50$, il suffirait de retrancher les fers $u\,v$, $s\,t$: c'est la distance ordinaire des betteraves.

Si l'on voulait biner des lignes éloignées de $0^m,33$, on placerait la bride $s\,t$ au point x et la bride $r\,b$ au point z, de manière qu'il y ait $0^m,55$ du point q au point x et $0^m,53$ du point x au point z, et on éloignerait de même de l'autre côté les brides $u\,v$ et $a\,p$.

On comprend que, les brides étant mobiles, les socs peuvent être distancés à volonté, et occuper sur la traverse AB toutes les positions possibles. Les roulettes assujetties sur la barre CD peuvent aussi être placées où l'on veut, et elles doivent toujours être mises dans le milieu de l'espace qui sépare les lignes des plantes, afin de ne pas froisser ces plantes sur leur passage.

Cette manœuvre exige la description de quelques détails qui pourraient faire croire à sa complication ; mais dans la pratique elle est on ne saurait plus simple, et s'exécute avec la plus grande facilité.

Cette houe ne peut, pas plus qu'aucune autre, remplacer entièrement les binages à la
main, mais elle les abrége considérablement, et
nous croyons rester au-dessous de la vérité en
avançant qu'elle peut faire la moitié des façons
de sarclage.

Un seul cheval suffit pour la traîner.

Elle bine en même temps 5 lignes espacées de
$0^m,50$; 5 lignes de $0^m,55$; et 5 lignes de $0^m,24$

Les socs sont plats, triangulaires. Il est inutile de dire que la largeur de ces socs doit varier suivant la distance des lignes et même suivant l'âge de la plante. Ainsi, quand les betteraves viennent de lever, on emploie des fers
beaucoup plus larges que lorsqu'elles ont déjà
acquis un certain développement.

Semoir.

Le semoir-Hugues a rendu de trop grands services à l'agriculture, et nous avons nous-mêmes trop longtemps profité de ses avantages

pour vouloir en rien atténuer les précieuses qualités de cet utile instrument et porter en aucune façon atteinte au mérite de son habile inventeur. Quoi qu'il en soit, nous regardons comme un devoir de ne pas approuver le prix et la complication de ce semoir : ainsi la délicatesse des ressorts qui font pression contre le cylindre, ne nous a jamais permis d'obtenir une distribution régulière de la graine, à moins que cet instrument ne fût neuf, et que l'usage n'eût pas encore mis à l'épreuve la solidité de ces ressorts.

Cet inconvénient nous a paru surtout fort sensible pour les petites graines.

Nous avons fait construire un semoir à *cuiller* qui n'a certainement pas le mérite de l'invention, mais qui est fort simple, peu coûteux, et dont le travail nous paraît fort bon. Cette année encore, 15 hectares de colza ensemencés avec ce semoir ne laissent apercevoir aucun manque, et présentent une régularité vraiment remarquable.

Machine à battre.

Parmi les instruments agricoles, la machine à battre est un de ceux qui ont trouvé le plus de sympathie parmi les cultivateurs de nos localités. Peut-être la perfection avec laquelle les machines à battre sont construites par quelques mécaniciens de notre département n'a-t-elle pas peu contribué à ce succès. Peut-être aussi, et nous croyons que c'est la principale cause de cette préférence, doit-on voir dans cette appréciation la sagacité et le discernement des cultivateurs qu'on accuse quelquefois à tort d'indifférence et de lenteur d'esprit, et qui, le plus souvent, rejettent avec un bon sens admirable les améliorations équivoques et incertaines, pour adopter seulement celles qui présentent des avantages réels et incontestables.

Comme toutes les autres machines dont nous nous servons, notre machine à battre a été construite sous nos yeux par des ouvriers du Mesnil. Nous avons eu seulement recours au fondeur pour une roue d'engrenage, un pignon et les cannelures du contre-batteur ; tout le reste a été fait ici, même les poulies qui portent les courroies : ces poulies sont en bois et ont été tournées par notre menuisier.

La machine à battre du Mesnil ressemble beaucoup à celle des autres cultivateurs, nos voisins. Nous y avons cependant apporté quelques modifications qui nous paraissaient fort utiles.

L'une de ces modifications concerne le *secoueur*. On sait que les râteaux circulaires des premières machines à battre, destinés à séparer la paille du grain, ont été remplacés avantageusement par une *claie mobile* appelée *secoueur*. Mais la transmission du mouvenent à cette claie mobile est vicieuse : elle a lieu au moyen d'une bielle adaptée par une extrémité à un excentrique, et fixée par l'autre extrémité au secoueur même. Il résulte de cette disposition un mouve-

ment saccadé qui exige une dépense extraordinaire de force et qui détériore les machines les
plus solidement établies.

Pour parer à cet inconvénient, nous avons
remplacé l'excentrique par un plateau vertical
garni de chevilles en fer. Les chevilles font mouvoir en passant un balancier qui vient se courber
sous le secoueur sans y être fixé, et qui, à chaque
coup qu'il porte sur les chevilles, produit un
mouvement d'élévation de ce secoueur, et au
contraire un mouvement d'abaissement pour
chaque échappement des chevilles. Ce mode de
transmission, qui remplit le même but que la
bielle fixe de l'ancien système, économise beaucoup de force et évite les tiraillements destructeurs des machines.

Ce mécanisme, aussi simple qu'ingénieux, a
été emprunté à la machice à battre de M. *Bertin*,
de Roye, où nous l'avons vu appliqué pour la
1re fois. Nous saisissons avec empressement cette
occasion d'adresser nos remercîments à ce jeune

et habile agronome pour le service qu'il nous a rendu en cette occasion et pour le bon accueil qu'il nous a toujours fait dans sa grande et belle exploitation.

La plupart des machines que nous connaissons n'ont, pour engager la gerbe dans le cylindre-batteur, que des cylindres alimentaires. Ce moyen ne suffit pas pour assurer la régularité du travail; nous y avons ajouté une toile sans fin, qui permet de régler l'alimentation de la machine avec une perfection qui ne laisse rien à désirer. La toile sans fin n'est pas de notre invention; elle a été employée il y a longtemps, mais on se servait pour cet usage d'une toile de chanvre qui ne présentait aucune solidité, et qui donnait lieu à des réparations continuelles. Dégoûtés de ces chômages onéreux, les cultivateurs ont supprimé la toile sans fin. Nous avons mieux aimé la conserver, en substituant toutefois au tissu de chanvre ou de lin un cuir épais, dont

la solidité ne présente pas les mêmes inconvénients.

Pour mettre en mouvement notre machine à
battre, nous avons à notre disposition 2 moteurs :

1 manége,

1 machine à vapeur.

Nous nous servons du 1er, quand nos chevaux sont inoccupés, et du 2e, quand ils sont
employés aux travaux des champs. Mais la
régularité de la vapeur donne à ce dernier moteur un immense avantage sur le manége. Pour
peu que les chevaux ralentissent le pas, le blé
est mal battu ; la machine à vapeur, une fois bien
réglée, ne ralentit jamais son mouvement.

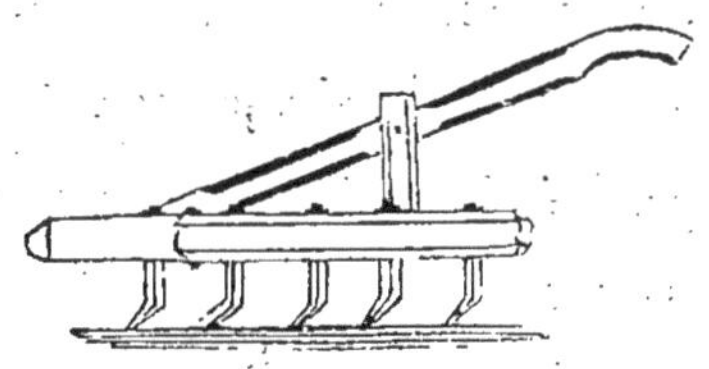

CHAPITRE III.

Engrais et Amendements.

Les engrais étant la matière première en agriculture, nous avons toujours évité avec soin d'en laisser perdre par notre faute la plus petite parcelle, heureux si notre exemple a pu être imité quelquefois et s'il doit contribuer à abolir l'impardonnable usage de laisser la pluie laver les fumiers, et entraîner les parties les plus fécondantes, qui vont se perdre sur la voie publique, et corrompre les réservoirs d'eau, au lieu de servir à engraisser les champs et à fertiliser les récoltes. Déjà de nombreuses améliorations ont été faites à ce sujet, et peut-être que le temps n'est pas éloigné où les cultivateurs seront surpris d'apprendre qu'au XIXe siècle on laissait encore perdre en France une grande partie des engrais.

Fumier.

Nous avons essayé 3 méthodes pour l'emploi de nos fumiers.

1° Nos fumiers furent d'abord, suivant l'usage général du pays, déposés en couches, où ils étaient abandonnés à eux-mêmes pendant un certain laps de temps, ordinairement 2 à 3 mois. Il arrivait que, durant la fermentation, une quantité plus ou moins grande de gaz s'échappait en pure perte ; quelquefois aussi le fumier *tournait au blanc*.

2° Pour empêcher nos fumiers de se dessécher dans les couches, au lieu de les abandonner à eux-mêmes, nous les avons fait arroser avec du purin. Cette opération, renouvelée un certain nombre de fois, produisait de bons résultats,

mais elle n'empêchait pas entièrement la déper-
dition des gaz.

3° Enfin, et c'est le mode que nous suivrons
maintenant comme le plus avantageux, nous
évitons autant que possible le système des couches, et nous transportons directement nos fumiers de l'étable dans les champs.

Pour les chevaux, il n'y a aucune difficulté.
Les écuries ne sont nettoyées qu'une seule fois
chaque semaine, et le fumier est de suite trans-
porté dans les pièces qu'il doit engraisser. Voilà
plus de 10 ans que nous suivons cette méthode;
elle n'a jamais été nuisible à la santé de nos chevaux, et le fumier qui est resté 8 jours sous les
animaux est assez consommé pour être de suite
employé.

On fait de même pour les moutons; seulement
le fumier des bergeries n'est enlevé que tous les
mois.

Les vaches, à cause de la nature de leur fumier, sont nettoyées tous les jours. On est donc

obligé, pour elles seulement, de faire devant les étables de petits dépôts de fumier, mais qui ne restent là que 8 ou 15 jours au plus.

Purin.

Des citernes en maçonnerie ont été construites devant toutes nos étables pour recevoir les urines de notre bétail.

Ces urines sont employées de différentes manières :

Tantôt on s'en sert pour arroser les céréales ; elles sont alors transportées dans des tonneaux disposés pour cet usage ;

Tantôt on les absorbe avec des poussières ou des cendres de tourbes ;

Tantôt enfin on les emploie comme des lessives pour faire fermenter des tas de compost.

Sang..

Nous employons chaque année de 3 à 400 hectolitres de sang que nous achetons aux bouchers des villes voisines, et notamment à ceux de Beauvais.

Comme les urines, ce sang sert tantôt pour l'arrosement des plantes, et tantôt il entre dans la composition de nos engrais pulvérulents. Dans le 1er cas, on a soin de l'étendre de 3 ou 4 fois son volume d'eau, et on le répand avec le tonneau à purin à raison de 25 hectolitres par hectare.

Cendres de tourbe.

La tourbe, étant presque le seul combustible employé pour alimenter les fourneaux de la sucrerie et des autres usines du Mesnil-Saint-Firmin, fournit une grande quantité de cendre, qui peut être évaluée en poids à 50 ou 60,000 kilogrammes par année.

Une partie de ces cendres est semée sur les prairies artificielles ; le reste sert à la préparation des composts.

Composts.

Nous fabriquons pour notre usage une grande quantité de composts ou d'engrais pulvérulents. Voici le procédé que nous suivons pour cette préparation :

On dispose en tas, par couches alternatives, de la paille, des feuilles, de la cendre de tourbe, des boues de mares, des vases de fossés, des balayures de chemins, des détritus de végétaux, de la chaux, des cadavres de chevaux, du noir de raffinerie, etc. Quand les tas d'engrais sont ainsi composés, on pratique à la partie supérieure un certain nombre de petites tranchées dans lesquelles on verse de l'urine ou du sang étendu d'eau. Cet arrosage, qui est renouvelé tous les 2 ou 3 mois, pendant un an, fait fermenter les matières qui entrent dans la composition de ces composts, et les transforme en engrais excellents.

On dispose ces tas de composts de distance en distance dans les champs où ils doivent être employés, et on a soin de faire entrer dans leur composition les substances qui conviennent le mieux à la nature du sol auquel on les destine.

Quand on veut s'en servir, on les sème avec une pelle (*Page* 105) sur les terres qui sont préparées pour l'ensemencement des plantes, et on les enfouit à la herse ou à l'extirpateur.

Noir animal.

Le noir usé provenant de notre sucrerie entre ordinairement dans la préparation de nos composts. Nous l'avons quelquefois employé seul, mais jamais en assez grande quantité pour pouvoir apprécier la valeur de sa puissance.

Débris d'animaux morts.

On abat chaque année 4 à 500 chevaux dans

la ferme du Mesnil. Les équarrisseurs qui viennent les tuer emportent la peau, les crins et les cornes. Ils laissent les os et la chair, moyennant $3^f,50^c$ par cheval.

Ces chevaux sont abattus au milieu des tas d'engrais dont nous avons parlé plus haut. Leur sang se répand parmi ces engrais, et en augmente la masse et la qualité.

Quand les chevaux sont dépouillés, on les coupe par morceaux et on fait consommer les chairs par un troupeau de porcs. Ensuite on enterre avec soin dans les tas d'engrais les entrailles et tous les débris laissés par les porcs. Puis, l'année suivante, quand on prend les engrais pour les employer, on retrouve les os des chevaux et on s'en sert pour faire le noir animal.

Chaux.

On fait entrer chaque année, dans la confection des composts de 3 à 400 hectolitres de chaux.

7

Cette chaux est faite dans un four dépendant de l'exploitation. Quelquefois on achète aussi les poussières et les débris des fours à chaux qui existent dans les environs.

Cendres pyriteuses.

Le sol du Mesnil repose sur la craie, et au-dessus de la craie, il n'y a qu'une couche plus ou moins épaisse de diluvium. Mais le territoire d'un village voisin, appelé Broyes, renferme un lambeau de l'étage du terrain tertiaire connu sous le nom d'*argile plastique et lignite*. Là se trouve un dépôt de cendres pyriteuses que les cultivateurs recherchent pour semer sur leurs prairies artificielles.

C'est un bon stimulant que nous employons souvent avec succès; mais nous lui préférons la cendre de tourbe.

Marne.

Nos terres les plus légères et nos terres les

plus fortes, contenant à peine quelques traces de calcaire, nous les avons marnées.

La craie blanche supérieure est la roche que nous employons pour le marnage. Elle se trouve ordinairement à une faible profondeur au-dessous du sol. C'est la matière par excellence pour cette opération; elle est en effet tendre, gélive, facile à extraire; elle se délite facilement à l'air et est très-riche en chaux, toutes qualités précieuses pour cet usage. ·

La couche supérieure de la craie offre ordinairement un mélange d'argile et de carbonate de chaux que les ouvriers désignent sous le nom de *marnette* et que les cultivateurs emploient souvent sans assez de précautions. Très-utile dans les terrains siliceux, ce mélange nous paraît un contre-sens dans les terres argileuses, puisque c'est une addition d'argile dans une terre qui en renferme déjà une trop grande quantité. C'est cependant ce que font quelques cultivateurs sur l'avis des ouvriers qui trouvent l'extraction de cette marne plus facile que celle de la craie pure.

Nous employons ordinairement de 12 à 1,500 hectolitres de marne par hectare. Nous avons vu une terre nouvellement défrichée être marnée par un cultivateur de nos environs à la dose énorme de 3,000 hectolitres par hectare ; mais nous n'avons jamais atteint nous-mêmes ce chiffre.

Nous faisons extraire la marne par des puits creusés de distance en distance et par des galeries pratiquées au fond de ces puits à 5 ou 6 mètres au-dessous du sol.

La marne ainsi extraite, puis transportée et épandue sur la terre, nous revient, suivant les circonstances, de 4 à 6^f les 100 hectolitres.

Nous avons cru observer dans la marne 5 espèces d'actions :

1° *Action mécanique*. La marne divise et ameublit les terres argileuses et compactes. Elle les rend plus perméables à l'eau, à la chaleur et à la lumière ;

2° *Action hygrométrique*. Elle conserve l'humidité et entretient la fraîcheur dans les terrains trop secs ;

3° *Action chimique.* Elle augmente la richesse du sol, en lui fournissant des éléments propres à l'assimilation et à la nutrition des plantes.

C'est une idée assez répandue que la marne est très-utile dans les terres nouvellement défrichées. Le fait nous a toujours paru vrai, et on peut raisonnablement admettre une action salutaire de la craie sur les corps impropres à la végétation qui proviennent des racines d'arbres, mais il ne faut pas exagérer cette action, et prendre l'apparence pour la réalité. Ce n'est pas toujours en effet parce que les terrains sont nouvellement défrichés qu'ils ont besoin de marne; mais c'est parce que les terrains défrichés manquent le plus souvent de chaux qu'ils doivent être marnés. En un mot, c'est la nature du sol, bien plus que le défrichement lui-même, qui explique l'action salutaire de la marne. La preuve qu'il en est ainsi, c'est que dans les terres défrichées depuis longues années et où il ne reste plus trace de racines, le marnage exerce encore une heureuse influence ; or, après ce laps de temps, au bout de 15 ans par exemple, que peut-il y avoir de commun entre le marnage et le défrichement.

Nous croyons aussi que certaines plantes sont plus sensibles que d'autres à l'action de la marne. Les betteraves, les céréales, les légumineuses, se plaisent dans une terre marnée.

Nous avons vu quelquefois la nature du sol faire varier l'action hygrométrique de la marne sur les plantes. Ainsi, dans les terrains secs, sablonneux, les plantes qui accomplissent pendant l'été le cours de leur végétation éprouvent de la part de la marne une action plus marquée que les plantes semées à l'automne. Cela s'explique naturellement par la fraîcheur que la marne entretient pendant les chaleurs de l'été dans les terrains qui sont trop secs, fraîcheur qui, à l'automne, est tout à fait inutile.

Voici un exemple de cet effet :

Dans un champ sablonneux qui venait d'être marné, nous avions semé des betteraves. Sur plusieurs points de ce champ où les travaux du marnage n'avaient pu être terminés, les betteraves devinrent beaucoup moins belles qu'ailleurs, et les contours irréguliers de ces parties non marnées étaient nettement dessinés par la différence de la végétation. Au contraire, dans un champ voisin, marné seulement en partie, il y avait des colzas qui ne présentèrent pas de différence sensible dans toute l'étendue de la pièce. La marne avait donc agi sur les betteraves et non sur les colzas. Est-ce parce que les betteraves, ayant poussé pendant l'été seulement, avaient, à l'époque des sécheresses, trouvé dans la marne une source d'humidité, tandis que les colzas n'avaient pas manqué d'eau, même dans le sable pur, au moment de leur 1re végétation, qui avait eu lieu à l'automne ? Nous sommes tentés de croire que c'est là la véritable cause de cette différence.

Nous ne voudrions cependant pas généraliser l'observation dont nous venons de parler ; mais elle nous a paru assez curieuse pour être notée ici en passant.

Plâtre.

Aucun gisement de plâtre ne se trouvant dans nos environs, nous ne pouvons employer cette substance que dans des limites fort restreintes. Nous avons cependant reconnu son efficacité, soit en le semant au printemps sur le trèfle, dont il active la végétation, soit en le mélangeant aux engrais, dont il conserve la force en fixant les gaz à mesure qu'ils se dégagent.

Marc de Pommes.

Dans nos pays, où la boisson ordinaire est le cidre, il se fait chaque année une grande quantité de marc de pommes. Ce marc est regardé comme nuisible à la végétation, et abandonné par les cultivateurs, ordinairement devant la porte de leur pressoir, et trop souvent sur la voie publique. Ce serait donc rendre un grand service à nos localités que de trouver l'emploi de cette substance.

Nous avons fait quelques essais sur le marc de pommes, mais ils ne sont pas assez nombreux pour être concluants. Nous nous sommes cependant assurés que du blé pouvait très-bien croître dans du marc de pommes, et que si cette substance ne favorisait pas sa végétation, elle ne lui était pas non plus nuisible. Nous pensons aussi que lorsque le marc de pommes est suffisamment décomposé par la fermentation, il se transforme en humus, et qu'alors il peut être plus utilement employé que lorsqu'il sort du pressoir.

Ensemencement des engrais pulvérulents.

Presque partout, dans le département de l'Oise, les terres pyriteuses, les cendres de tourbe et les engrais pulvérulents sont semés à la

main. Dans notre culture, on fait usage d'une
trop grande quantité de composts pour pouvoir
employer ce moyen. Il serait impossible de disposer d'un assez grand nombre de semeurs pour
faire ce travail en temps opportun. C'est en effet
une opération fort pénible; les cendres de
tourbe volent dans les yeux, et leurs escarbilles
arrachent les ongles; la chaux ronge l'épiderme
et brûle les mains; les cendres vitrioliques s'at-
tachent aux vêtements et les noircissent; les composts ont une odeur qui répugne.

Pour prévenir ces désagréments, nous avons
pris le parti de semer à la pelle tous nos engrais pulvérulents. Les semeurs, montés dans
le chariot, prennent les engrais, et les jettent à
mesure que le chariot avance. Quand le charre-
tier conduit les chevaux lentement, et que les
semeurs manient la pelle avec quelque habi-
leté, l'ensemencement est aussi régulier qu'à la
main.

Cette méthode, qui économise la main-d'œu-

vre et facilite le travail, nous a rendu d'immen-
ses services.

Époque la plus favorable à l'emploi des engrais.

Nous avons souvent recherché quelle est,
avant l'ensemencement, l'époque la plus favorable
pour mettre les engrais dans les terres qui doivent recevoir une fumure, et jusqu'ici, nous devons l'avouer, nos expériences sont en opposi-
tion directe avec les prévisions de la science;
elles sont au contraire en parfait accord avec
l'usage généralement adopté dans nos pays.

Les engrais éprouvant par la décomposition
et par l'évaporation une perte assez considérable
de gaz, il semble que plus l'époque où l'on dé-
pose les engrais dans la terre est rapprochée
de l'époque de l'ensemencement, plus ces engrais doivent avoir de puissance : c'est cependant ce que nient les cultivateurs qui n'attendent
pas le dernier moment de la jachère pour dépo-

ser leur fumier, et l'expérience justifie pleinement cette manière d'agir.

Pour nous, qui avons coutume de fumer avant la betterave, nous avons presque toujours remarqué, à notre grand étonnement, que les fumiers enfouis dans la terre avant l'hiver, produisaient plus d'effet sur la végétation de ces racines que ceux déposés au printemps, immédiatement avant l'ensemencement des betteraves.

Nous avons été plus surpris encore en voyant ce qui se passait pour les engrais liquides (*purin, sang*). Nous pensions que ces engrais répandus pendant l'hiver sur les blés devaient éprouver, par l'effet de l'évaporation, des pertes considérables, sans que les plantes en profitassent nullement, puisque, à cette époque de l'année, la végétation se trouve suspendue. Il nous semblait, au contraire, qu'en répandant les engrais liquides au printemps, lorsque la végétation du blé commence à reprendre son cours, ils devaient agir avec bien plus d'efficacité.

Nos prévisions ne se sont pas réalisées, et les blés arrosés pendant l'hiver avec du sang et du purin ont toujours été aussi beaux que ceux arrosés au printemps. Nous ne voudrions même pas affirmer que l'action de l'urine et du sang n'ait pas été plus sensible dans le premier cas que dans le second.

Il paraît donc que les engrais, déposés dans la terre un certain laps de temps avant l'ensemencement, y subissent une action qui les prédispose à être assimilés par les plantes avec lesquelles ils doivent plus tard se trouver en contact.

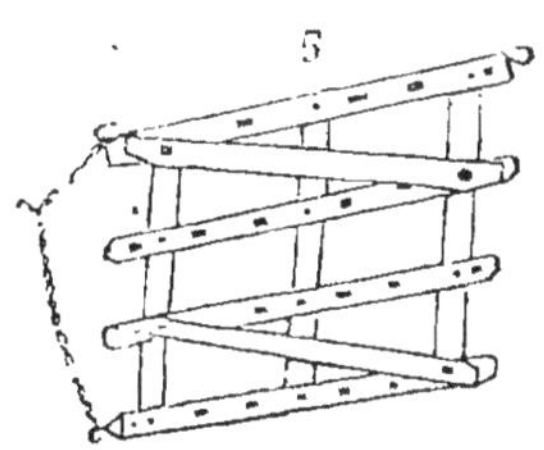

CHAPITRE IV.

Bétail.

Le bétail, eu égard à l'utilité qu'on en retire dans la culture, peut être considéré sous plusieurs rapports :

La force motrice, L'engraissement,
L'élève, Le fumier.

1° Pour la préparation de nos terres (labour, hersage, etc.), nous employons concurremment les chevaux et les bœufs. Le transport des véhicules est exclusivement réservé aux chevaux ;

2° Nous élevons tous nos porcs, très-peu de moutons, pas de bœufs, quelques poulains seu-

lement. L'absence du pâturage et les change-
ments subits de nourriture, occasionnés par la
nécessité de consommer les résidus sortant de
nos usines, nous ont toujours paru de mauvaises
conditions pour l'élève des races ovine et bo-
vine ;

C'est à notre grand regret que nous n'avons
pu suivre dans cette voie si attrayante les habiles
agronomes qui ont prouvé jusqu'où pouvait atteindre la volonté judicieuse et persévérante de
l'éleveur. Mais nous avons dû faire à la nécessité
ce sacrifice de nos désirs, et aujourd'hui, lorsqu'une ferme-modèle a été fondée au Mesnil-S‑-
Firmin, nous sommes bien loin de nous en re-
pentir, puisque, aux termes de l'arrêté constitutif de cette institution, la ferme-école est une
exploitation rurale conduite avec *profit*.

3° L'engraissement des bestiaux a pris au contraire un grand développement au Mesnil. La
nature des résidus sortant de notre sucrerie, de
notre brasserie et de notre huilerie nous a tou-

jours paru plus propre à l'engraissement qu'à l'élève des animaux ;

4° Nos bestiaux nous fournissent des fumiers dont la qualité est d'autant plus parfaite, qu'ils reçoivent tous une nourriture fort abondante. Cependant, si l'on voulait apprécier l'état de notre culture d'après le nombre de nos bestiaux, comme ont l'habitude de le faire quelques auteurs qui pensent qu'une exploitation n'est pas dans le progrès quand elle compte moins qu'une tête de gros bétail par hectare de terre cultivée, on pourrait trouver que l'exploitation du Mesnil est loin d'être arrivée au plus haut degré de perfection. Mais si l'on se rappelle la quantité considérable de cendres de tourbes, de composts, de sang, de débris d'animaux morts, etc., qui sont ici employés, on verra que ce genre d'appréciation ne peut pas être appliqué chez nous, puisque les engrais qui ne sont pas les produits du bétail sont au moins égaux en puissance à la moitié de ceux qui proviennent de cette source.

Chevaux.

Nous avons commencé par suivre l'exemple
des cultivateurs nos voisins, qui se servent pour
leur culture de ces énormes chevaux *boulonnais*
dont l'allure est souvent aussi lente et le travail
aussi restreint que l'estomac est développé et la
consommation ruineuse.

Mais nous avons bientôt reconnu l'abus de cet
usage, et depuis longtemps déjà nous employons
des chevaux légers dont le pas est plus dégagé,
la nourriture moins coûteuse et la force vive
aussi grande, parce que, dans leur travail, la vi-
gueur supplée à la masse.

Il y a quelques années, ayant trouvé l'occasion de faire venir des chevaux du Hanovre,
nous avons eu pendant un certain temps jusqu'à
20 de ces chevaux dans nos écuries. N'ayant plus
trouvé dans la suite d'occasion aussi favorable,
nous avons acheté sur nos marchés des nor-
mands ou des percherons.

Pour l'attelage de nos chevaux, nous avons substitué au lourd et dispendieux collier la simple et légère bricole, et, chaque fois que l'ont voulu nos voisins, nous leur avons prouvé que nos minces chevaux ainsi harnachés pouvaient faire assaut avec leurs gros chevaux chargés de leurs colliers.

Nous avons ordinairement de 40 à 50 chevaux.

Leur mode d'alimentation n'est pas non plus le même que celui adopté par les cultivateurs de la Picardie.

En général, toutes les nourritures de nos bestiaux, chevaux, vaches, moutons, sont divisées et amollies le plus possible, afin de rendre la mastication plus facile et de favoriser l'assimilation des parties nutritives. La paille et les fourrages soit verts, soit secs, sont hachés, les racines sont coupées, l'avoine est concassée, le seigle est cuit.

Le hache-paille employé est celui du Hanovre.

Le seigle est cuit à la vapeur dans 2 fois son
volume d'eau.

Nos chevaux ont peu d'avoine, 4 à 6 litres seulement, de la paille hachée à discrétion toute
l'année; l'été du fourrage vert ou sec, l'hiver
une provende de fourrage sec et de carottes.
Quand le seigle est à bon marché, on remplace
l'avoine par une égale quantité de seigle cuit.

Nos écuries sont simples, mais commodes. Au
devant des auges, règne un corridor assez large
pour pouvoir circuler librement, et apporter la
nourriture aux animaux. Cette disposition, trop
rarement usitée, évite aux ouvriers le désagré-
ment de marcher dans le fumier et de s'exposer
aux coups de pied des chevaux, quand ils veulent
approvisionner les mangeoires. Quant aux râteliers, ils sont devenus inutiles depuis que nos
fourrages sont tous hachés.

Des pentes sont ménagées dans le fond des

écuries pour l'écoulement des urines, qui sont reçues dans des citernes.

Nous avons bien rarement des chevaux malades. Nous attribuons l'état prospère de leur santé à la continuité de leurs travaux et à la sobriété de leur régime; si par hasard un cheval tombe malade, on est sûr de le trouver parmi ceux qui, destinés à la vente, mangent trop et ne travaillent pas assez.

Bœufs et vaches.

Nous avons ordinairement 10 à 12 bœufs de travail, 45 vaches pour l'engraissement, et 4 ou 5 vaches laitières. Nous en aurions un plus grand nombre si nous connaissions un moyen de nous préserver de la péripneumonie.

Ces animaux sont achetés sur les marchés des environs. Pour bases de notre choix, nous prenons les signes qui indiquent les meilleures dispositions pour l'engraissement. Ces bêtes bovines appartiennent ordinairement aux races flamande

et normande. Si nous élevions nous-mêmes,
nous voudrions du sang durham ; n'élevant pas,
nous prenons ce que nous trouvons.

Pour les quelques vaches laitières que nous
achetons chaque année, nous avons égard aux
caractères qui ont été reconnus comme les meilleurs, tels que la forme et la souplesse du pis,
le développement des veines mammaires, la largeur des *sources*. Nous avons trouvé aussi que
les signes indiqués par M. *Guénon* s'accordaient
assez bien avec ces caractères généraux ; mais il
nous a semblé que sa méthode était trop exclu-
sive, et nos expériences ne nous permettent pas
de croire que l'ensemble des 192 catégories
établies par l'observateur bordelais avec une
patience vraiment admirable puisse jamais être
considéré, ainsi qu'il semble le prétendre,
comme un instrument gradué, propre à indiquer d'une manière rigoureuse et mathématique
le nombre exact de litres de lait que renferme
le pis d'une vache.

Nos bœufs sont employés aux labours à l'exclusion des vaches. Interrogés souvent sur la question de savoir si leur travail était préférable à celui des chevaux, nous dirons ici que nous avons toujours remarqué que, l'hiver, les bœufs pouvaient suivre les chevaux à la charrue ; mais l'été, quand il fait chaud, et que les jours sont longs, les chevaux laissent les bœufs haletants bien loin derrière eux. Ceux-ci ne peuvent supporter ni la chaleur ni la continuité d'un travail trop long.

Nos bêtes bovines ont, l'été, de la paille et des fourrages verts hachés, des tourteaux de lin ou de colza, des résidus de distillerie, quelquefois du son ou du seigle cuit. L'hiver, on ajoute à cette provende de la pulpe de betteraves. Le mélange de grains, de racines ou de pulpe et de tourteaux nous a toujours paru meilleur pour engraisser les bœufs et les vaches que l'une seulement de ces 3 espèces d'aliments.

Nous n'avons encore employé le sel qu'en petite quantité dans l'alimentation de nos animaux, mais c'est à tort ; nous croyons que le sel peut être bon, surtout pour hâter l'engraissement.

Nos étables sont divisées, dans leur longueur, en 2 parties égales, par un corridor que les mangeoires bordent de chaque côté. Il y a donc dans la largeur du bâtiment 2 rangées d'animaux qui se trouvent placés tête à tête. Nous avons entendu M. *Royer* critiquer ce plan, parce que, disait-il, les animaux, ainsi placés en regard, doivent s'envoyer réciproquement l'air qu'ils expirent ; mais nous n'en avons pas moins conservé cette disposition, à laquelle, sous le rapport de la commodité, aucune autre n'est préférable.

Notre corridor étant du reste assez large, et nos 2 rangées d'animaux étant séparées par une distance de plus de 2 mètres, il nous semble que l'air qui s'échappe de leurs naseaux doit bien plutôt se communiquer sur les côtés qu'à leurs voisins.

Des citernes placées à l'extrémité des étables sont destinées à recevoir les urines.

Nous n'avons pas été épargnés par la péripneumonie. De temps en temps cette terrible maladie reparaît dans nos étables, sans qu'aucun moyen puisse la prévenir. Ni la nature des aliments, ni les saignées même fréquentes n'ont pu arrêter le mal. Peut-être la sobriété est-elle le meilleur préservatif, et justement nos bêtes étant destinées à l'engraissement doivent recevoir une nourriture abondante.

Aussitôt qu'à l'auscultation nous reconnaissons qu'un animal est atteint, et avant même que la maladie se soit déclarée, nous avons soin de l'isoler.

Moutons.

Notre troupeau se compose de 6 à 800 bêtes. Nos moutons, comme nos bœufs, sont destinés à la boucherie. Nous les achetons sur les marchés voisins. Ce sont des mérinos, des picards, ou les produits du métissage de ces 2 races.

L'été, ils parquent et sont nourris avec des fourrages verts qu'ils consomment sur place. Ils reçoivent aussi quelquefois dans des auges un supplément de ration soit en paille hachée, soit en tourteaux.

L'hiver, la pulpe de betteraves forme la base de leur nourriture. On y ajoute des tourteaux et des balles de céréales. Ils sortent tous les jours de la bergerie et vont prendre en dehors leur provende de pulpe dans des auges destinées à cet usage et placées dans des parcs.

La bergerie est de la plus grande simplicité, couverte en chaume et placée en dehors de la ferme à 300 mètres des autres bâtiments. Les râteliers sont suspendus avec des cordes : ils sont en forme de V et ont en dessous une augette pour recevoir les parties qui tombent pendant l'affouragement ou pendant le repas des animaux.

Nous n'avons jamais eu de maladie grave dans notre troupeau, jamais de claveau ni de cachexie aqueuse.

Porcs.

Notre porcherie est assez considérable. Elle renferme de 150 à 200 animaux.

Nous élevons tous nos porcs. Les croisements de la race normande avec les *anglo-chinois* Norfolks et Hampshires, nous ont donné d'excellents produits. Nous vendons une partie de ces élèves tout jeunes, aussitôt après le sevrage. Leur supériorité sur la race normande pour l'engraissement étant maintenant bien connue, leur écoulement n'est pas difficile.

Ceux que nous conservons servent à l'entretien du troupeau que l'on mène garder dans les champs. On leur fait aussi consommer la viande de 4 à 500 chevaux qui sont tués chaque année au Mesnil.

De temps en temps, on en retire du troupeau un certain nombre pour les engraisser. Ils sont alors soumis au régime des pommes de terre, du son et du grain.

Nous avons souvent entendu dire que la chair des animaux employée à la nourriture des porcs les rend féroces, et donne à leur viande un goût désagréable.

La 1re de ces objections est sans fondement : nos porcs sont aussi doux que ceux soumis à un régime exclusivement végétal.

La 2e objection nous paraît plus grave; non pas que la viande des porcs qui se nourrissent de chevaux, soit précisément mauvaise, mais parce qu'elle est véritablement moins délicate et moins estimée. Aussi cessons-nous de donner de la chair à nos porcs pendant les derniers mois de l'engraissement.

Nous ne pouvons à ce sujet nous empêcher de citer un fait qui prouve combien peut être

grande l'influence du régime alimentaire sur
la qualité de la viande des animaux.

En 1847, nous avions acheté à Abbeville une
cargaison de graine de lin de Riga, qui avait
été avariée. Cette graine, imprégnée d'eau salée,
donna des tourteaux d'une odeur détestable. Les
vaches refusèrent d'en manger. Nous crûmes
n'avoir rien de mieux à faire que de les donner
aux porcs. Quand ceux-ci furent gras, on les
vendit sur le marché de la Chapelle à 8 ou 10
charcutiers différents. Quelques jours après
grand fut notre étonnement, quand, de tous
les côtés, nous arrivèrent des reproches sans
nombre. Tous ces charcutiers, qui à coup sûr
n'avaient pu s'entendre, s'accordaient à dire que
nos porcs avaient une saveur insupportable, et
que tous leurs chalands se trouvaient aux abois.
Cette saveur, disaient-ils, était assez analogue à
celle de la marée, et ils ne pouvaient en deviner
la cause. — Pour nous seuls ce n'était point un
mystère.

Quant à nos porcs qui mangent de la viande de cheval pendant toute leur vie, excepté pendant les 2 ou 3 derniers mois de l'engraissement, ils ne nous ont jamais attiré le moindre reproche de la part des consommateurs.

C'est à la chair qui entre dans la nourriture de nos porcs que nous attribuons la qualité de leur fumier, qui, au lieu d'être froid comme cela a lieu ordinairement, est au contraire le meilleur de tous nos fumiers.

Notre porcherie renferme bien rarement des malades. Cependant il nous est arrivé une fois un accident assez grave. Parmi les chevaux que nous amenèrent un jour les équarrisseurs, il s'en trouvait un mort depuis quelque temps de nous ne savons quelle maladie, et dont la chair, maculée de taches noirâtres, annonçait un commencement de décomposition. On n'eut pas la précaution de le séparer des autres et on l'abandonna au troupeau de porcs. Bien mal nous en prit, car 3 ou 4 heures après, tous nos porcs étaient mourants. On les voyait dévorés par une soif brûlante, l'oreille basse, le ventre ballonné et livide, la langue sortant de la gueule, d'où s'échappait aussi une écume abondante. Bientôt des vomissements violents succédèrent à ces premiers symptômes, et les matières rejetées contenaient des lambeaux de chair putréfiée. Nous avons administré de fortes doses d'émétique ; malgré ce traitement, 12 ou 15 porcs périrent, les autres furent pendant près de 12 heures en proie à des déjections continuelles. Depuis lors, nous refusons tous les chevaux qu'on nous amène morts, et nous ne recevons que ceux qu'on tue sous nos yeux. Cette précaution a empêché ce terrible accident de se renouveler.

Jamais les chevaux poussifs ni même les chevaux morveux n'ont fait le moindre mal aux porcs qui les ont mangés.

CHAPITRE V.

Enseignement agricole.

Le jour où nous avons conçu le projet de fonder au Mesnil un enseignement agricole, nous
avons reconnu la nécessité d'avoir 2 établissements entièrement distincts :

Le 1er, destiné à former de bons ouvriers, des
contre-maîtres habiles, à les habituer dès l'enfance à la vie agricole, à rendre leur corps propre à exécuter tous les travaux d'une culture
avancée et leur intelligence capable de comprendre le but et l'utilité de ces travaux;

Le 2°, où les fils des grands propriétaires et
les jeunes gens des classes riches viendraient re-

cevoir une instruction plus élevée, s'initier aux mystères de la science, et puiser cette conviction qui prend sa source dans la contemplation de la vérité et qui donne à la volonté cette puissance à laquelle aucun obstacle ne résiste; mais où ils pratiqueraient aussi eux-mêmes la plupart des travaux agricoles, afin de pouvoir ensuite les faire exécuter par d'autres, et afin d'acquérir cet ascendant moral qu'obtiennent seulement ceux qui savent joindre l'exemple au précepte.

C'est pour réaliser ces idées que nous avons fondé *une colonie de jeunes orphelins* et *un institut agronomique*.

Colonie d'orphelins.

Il y a 25 ans que nous avons commencé à recevoir des orphelins et à les élever dans la pratique des travaux agricoles. Nous en avions alors un bien petit nombre.

Peu à peu ce nombre augmenta, et quelques hommes dévoués s'étant joints à nous, notre colonie, d'abord irrégulière et composée d'éléments épars et hétérogènes, put enfin se constituer et présenter une organisation véritable.

Abandonnés toutefois à nous-mêmes, sans autre appui que l'approbation de quelques amis, et l'espoir d'être de plus en plus utiles à cette classe d'enfants pauvres et malheureux, nous dûmes marcher lentement et avec une grande réserve.

En 1840, quelques membres de la *Société des amis de l'enfance* étant venus visiter le Mesnil, furent frappés de l'état de notre colonie. Le visage épanoui et florissant de nos jeunes colons formait un contraste si frappant avec la figure souffrante et étiolée de leurs enfants, placés dans les ateliers de Paris, qu'ils voulurent nous confier quelques-uns de leurs petits protégés, et qu'ils nous promirent le concours de leur Société. C'est alors que fut nommé pour la colonie du Mesnil-St-Firmin un conseil d'administration composé de MM. l'abbé *Gellée*, *Eleuthère de*

Girardin et *Armand de Melun.* M. l'abbé *Caulle* fut chargé de la direction de l'établissement.

En même temps un grand nombre de personnes charitables, parmi lesquelles étaient MM. *Charles Dupin, Alexandre de Larochefoucauld, Huerne de Pommeuse, de Vogué,* etc., etc., prirent part au patronage de notre colonie.

Plus tard, en 1843, *la Société d'adoption* voulut aussi patronner la colonie du Mesnil-St-Firmin, et comprenant la nécessité de venir en aide à ces pauvres orphelins, non-seulement dans leur enfance, mais pendant tout le cours de leur existence, elle voulut encore s'intéresser à eux au sortir de la colonie, leur procurer une occupation en harmonie avec leurs goûts, et assurer leur avenir.

La Société d'adoption, ayant pour président M. *Molé,* et comptant parmi ses membres les noms les plus honorables, était pour notre colonie un gage certain de prospérité, et le jour où cette Société nous prêta son appui, nous eûmes la certitude que l'établissement qui était l'objet de toute notre sollicitude allait enfin, sous une administration puissante et éclairée, acquérir l'importance qu'il n'avait pas eue jusqu'alors.

Toutefois la Société d'adoption ne voulut d'abord faire qu'un essai avant de prendre définitivement la direction et la responsabilité de notre colonie.

Voici comment s'exprime à ce sujet l'auteur du 1ᵉʳ compte rendu de cette Société :

« Quelque favorables que fussent les circonstances dans lesquelles se présentait cette association, le conseil de la Société voulut encore y mettre une prudente réserve, et attendre que l'expérience vînt confirmer les excellentes impressions produites par un premier examen. Dans cette pensée, il résolut de ne pas contracter immédiatement une association définitive ; il demanda seulement à la colonie du Mesnil-Sᵗ-Firmin de recevoir, moyennant un prix de pension, les enfants que la Société adopterait.

« Ces placements ont été effectués pendant 2 années. La surveillance dont la Société n'a cessé depuis ce temps d'entourer la colonie, lui a donné la profonde conviction que cet établissement, par son organisation, par la nature de l'éducation qu'y reçoivent les enfants, et par le dévouement du personnel, et notamment de son directeur, M. l'abbé *Caulle*, répondait complétement au but qu'elle s'était proposé. Il ne restait plus alors aucun motif à l'hésitation, et, à partir du 1ᵉʳ juillet 1845, la Société d'adoption a pris régulièrement et complétement à son compte la colonie agricole du Mesnil-Sᵗ-Firmin, au sujet de laquelle nous allons entrer dans tous les détails propres à la faire connaître.

« Mais un mot auparavant sur le personnel même de la colonie.

« Pour quiconque s'est occupé de fondation

de la nature de celle qui fait l'objet de ce compte
rendu, une difficulté des plus graves se présente
tout d'abord : c'est l'organisation du personnel :
tant de qualités sont nécessaires pour l'accomplissement des devoirs à remplir, et il y a si peu
d'avantages matériels en compensation ! Si le dévouement purement personnel peut inspirer
quelques individus isolés, suffira-t-il à un recru-
tement continu et devant répondre à des besoins chaque jour plus étendus ? Ne faut-il pas
chercher ailleurs un élément plus fécond et dont
les effets plus durables survivent aux individus ?
M. *Bazin* et les personnes qui prenaient intérêt à
sa fondation ont pensé que le sentiment religieux
pouvait seul vivifier l'œuvre, et qu'il était nécessaire de substituer l'existence successive d'une
association religieuse à l'existence purement tem-
poraire des individus ; mais, en même temps,
ils ont pensé que cette association, destinée à fé-
conder une entreprise de notre époque, devait se
former avec les idées de cette même époque.

Sans méconnaître les mérites de quelques-unes des associations déjà existantes qui auraient pu paraître propres à cette nouvelle œuvre, ils ont cru qu'aucune n'y serait aussi complétement propre qu'une association nouvelle, créée en vue du but spécial qu'elle devait aider à atteindre, et chez laquelle la vie religieuse présidât seulement comme une inspiration à une vie toute pratique. Tel est le caractère fondamental de l'association des frères agronomes de St-Vincent-de-Paul, au développement de laquelle la Société d'adoption n'a pas hésité à concourir. Cette corporation religieuse, mais composée exclusivement de laïques, a pour objet de fournir des directeurs ou des contre-maîtres aux colonies agricoles d'enfants pauvres, notamment d'enfants trouvés. Travailleurs avant tout, les frères agronomes de St-Vincent-de-Paul n'ont d'autre uniforme que celui du travail, et, s'ils se distinguent des autres agriculteurs, c'est par leur abnégation personnelle, par leur dévouement à l'œuvre commune, par ce sentiment intérieur d'une récompense divine, qui double encore leurs forces, et remplit encore leur cœur d'une bonté nouvelle. »

Le principal établissement de la colonie est dans une de nos fermes, située à Merles, à 4 kilomètres du Mesnil. Au Mesnil, se trouve une succursale destinée aux plus jeunes enfants.

Voici d'autres détails empruntés au même compte rendu :

« Les ateliers du Mesnil-St-Firmin sont ouverts à nos jeunes colons, et doivent contribuer non moins que les travaux de la terre à en faire pour l'époque de leur placement au dehors d'excellents ouvriers de ferme.

« C'est ici le lieu d'indiquer que, par l'existence simultanée de Merles et du Mesnil, nous faisons une double expérience également intéressante.

« A Merles, nous dirigeons l'exploitation, nous

travaillons pour notre propre compte, nous sommes propriétaires et fermiers;

« Au Mesnil, nos enfants travaillent pour le compte de M. *Bazin*, qui leur paye un prix de journée;

« A Merles, la Société d'adoption résoudra le problème d'une colonie agricole se suffisant à elle-même;

« Au Mesnil, elle éprouvera quelles ressources pourront se créer les enfants devenus ouvriers.

« De ce qui précède, il résulte que nous n'avons à mentionner, en ce qui concerne le Mesnil, que les bâtiments et l'organisation des services généraux.

« Les bâtiments du Mesnil suffisent aujourd'hui à contenir 50 enfants; ils sont destinés à en recevoir par la suite jusqu'à 120. Ils se composent de plusieurs corps de logis devant servir de classe, dortoir, réfectoire, cuisine, logement des sœurs, lingerie, buanderie, infirmerie et ateliers de travail.

« Là, comme à Merles, c'est aux frères agronomes de St-Vincent-de-Paul qu'est confiée la direction des enfants.

« Les soins de la lingerie, de l'infirmerie et des plus jeunes enfants sont remis à des sœurs de St-Joseph, ces simples et courageuses civilisatrices, qui sont allées porter la lumière, l'amour et la dignité du christianisme jusqu'à Manah (Guyane), et qui desservent plusieurs de nos établissements publics avec un zèle et un dévouement dignes de tous éloges.

« Un médecin de la localité est appelé à surveiller l'état sanitaire de la colonie. »

Par les soins de la Société d'adoption, les constructions de Merles ont été agrandies, et peuvent maintenant recevoir 100 enfants. La succursale du Mesnil suffit pour 40 ou 50 colons, et est destinée, comme on vient de le voir, à en contenir dans la suite un nombre beaucoup plus considérable.

Ainsi, grâce au concours de la Société des amis

de l'enfance et de la Société d'adoption, grâce
aux encouragements qui nous ont été donnés par
les conseils généraux de l'Oise et de la Somme,
grâce au dévouement des sœurs de St-Joseph,
des frères agronomes de St-Vincent-de-Paul et
au zèle sans bornes du directeur, le digne et
laborieux abbé *Caulle*, notre colonie d'orphelins
a dépassé toutes nos espérances, et nous récompense largement aujourd'hui des ennuis et
des peines qui ont accompagné les premiers
temps de son existence.

Institut agronomique.

Notre Institut agronomique a été fondé en
même temps que notre colonie d'orphelins,
mais il n'a pas eu le même développement, faute
d'avoir pu réunir alors un nombre suffisant
d'hommes qui joignissent à une instruction supérieure l'avantage d'appartenir à une association religieuse, comme nos frères de *St-Vincent-*

de-Paul au zèle desquels est incontestablement
dû le succès de la colonie. Nous avons donc dû
ajourner l'organisation définitive de l'institut
jusqu'à ce que nous ayons pu nous assurer le
concours de ces hommes d'élite sans lesquels,
dans notre opinion, il n'y a pas à attendre de
résultats certains et durables.

Les élèves en petit nombre, qu'il nous avait
été possible d'admettre dans l'origine, profitaient
d'un enseignement tout paternel, ils étaient admis à notre table, et nous les recevions dans l'intérieur de notre famille.

On concevra aisément combien a dû nous être
pénible la détermination d'abandonner ainsi un
établissement qui promettait le plus brillant avenir ; et quels ne sont pas encore aujourd'hui nos
regrets, quand, repassant dans notre mémoire la
liste de nos anciens élèves, nous y trouvons inscrits des noms tels que ceux de *Victor Rendu*,
l'un de nos inspecteurs actuels d'agriculture ; de
Schmidth, principal et professeur de comptabi-

lité et de constructions dans le célèbre institut de Hohenheim, en Allemagne ; de *Charles de Thury*, qui dirige actuellement la belle colonie agricole de Ar-Bal-Aig-Bal, près Oran, en Algérie, et de plusieurs autres jeunes gens fort distingués. Nous sommes fiers de penser que de tels hommes sont venus faire au Mesnil leurs études agricoles et industrielles, et ces souvenirs sont à la fois pour nous une récompense et un encouragement.

Nous n'oublierons jamais non plus l'utile coopération que nous avons reçue dans cette circonstance de l'honorable et savant *Antoine* de Roville, qui voulut bien partager avec nous les peines et les difficultés qu'a présentées la création de notre institut agronomique, s'associer à nos efforts et accepter une modeste chaire dans un établissement jusqu'alors tout à fait inconnu. Nous aimons à payer ici le tribut de notre reconnaissance à cet homme, si bon, si doux, si modeste et si instruit, enlevé à la fleur de l'âge à ses importants travaux, à ses nombreux amis et à la science qu'il possédait et enseignait avec tant de distinction.

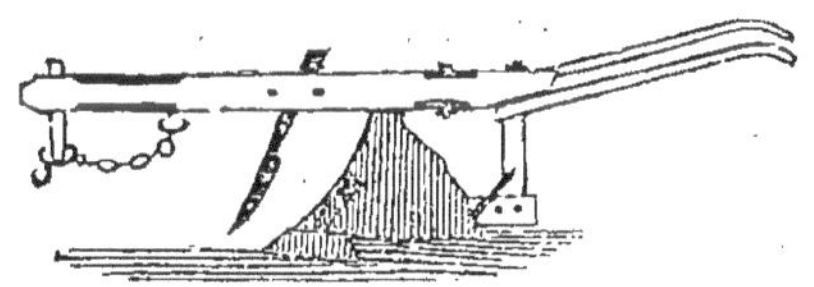

CHAPITRE VI.

Industries diverses.

Sucrerie de betteraves.

Notre sucrerie a été établie en 1828, avec le concours de notre parent et ami, M. *Delarche,* qui nous a rendu dans cette circonstance un véritable service, et qui n'a cessé depuis de nous donner des marques d'un sincère dévouement. A cette époque l'industrie saccharine indigène était encore dans l'enfance. Nous avons donc dû suivre pas à pas tous les perfectionnements et parcourir péniblement toutes les phases de cette belle et malheureuse industrie.

Malgré les essais nombreux qui ont été faits

depuis cette époque et les appareils variés qui ont été inventés, nous ne regardons comme de véritables progrès que :

1° La substitution de la chaux à l'acide sulfurique pour déféquer ;

2° Le remplacement du noir fin par le gros noir et la revivification de ce noir ;

3° L'emploi de la vapeur pour force motrice au lieu des manéges, et pour la concentration des sirops, au lieu du feu nu.

Le râpage et le pressurage, passagèrement abandonnés, ont été généralement repris et conservés. Nous-mêmes, après avoir essayé la macération, nous sommes revenus à l'usage de la râpe et des presses.

Les essais de macération et de dessiccation, jusqu'à présent du moins, n'ont pas été couronnés d'un plein succès. Ces procédés ne pourront être appliqués que lorsque la dépense du combustible employé à évaporer l'eau que l'on ajoute à la betterave dans l'une et l'autre de ces

2 opérations, sera compensé par des avantages, qui, jusqu'à ce jour, n'ont pas été réalisés (1).

Notre sucrerie est maintenant montée pour faire en 12 heures 150 hectolitres de jus. Nous avons :

3 générateurs de la force de 90 chevaux,

1 machine de la force de 12 chevaux,

2 râpes,

4 presses hydrauliques.

Nos 1ᵉʳˢ produits sont mis en *cristallisoirs*, et nos autres produits dans *des formes* où ils reçoivent un *clairçage*.

Malgré les impôts énormes qui pèsent aujourd'hui sur le sucre de betteraves, malgré le mode vexatoire de l'exercice, aggravé encore pour nous depuis quelques années par les tracasseries

(1) MM. *Hamoir* et *Duquesne*, aux environs de Valenciennes, viennent de donner un élan tout nouveau au système de la dessiccation. Ils ont apporté de grands perfectionnements aux procédés jusqu'alors en usage, et ils nous paraissent sur la voie de la solution de l'important problème qui procurerait aux fabricants de sucre l'immense avantage de pouvoir travailler toute l'année.

d'employés subalternes, auxquelles l'administration supérieure est certainement restée étrangère, nous avons voulu conserver cette industrie bien moins toutefois en vue de notre intérêt personnel, que dans un but d'utilité générale. En effet, l'assurance d'une occupation industrielle succédant pendant l'hiver aux travaux de la culture pour les habitants de la campagne, nous a semblé être la véritable et unique solution du grand problème de l'organisation du travail, et par ce moyen nos ouvriers ne vont pas l'hiver s'énerver dans les villes; ils restent bons et heureux dans le village auquel ils sont attachés par les liens sacrés de la famille et de la propriété.

Fabrication et revivification du noir animal.

Notre noir animal est fabriqué dans des vases clos.

Le noir vieux est revivifié par le même procédé. Nous avons l'habitude de mettre quelques os dans chacune des marmites où ce vieux noir doit être recuit. Nous nous sommes toujours bien trouvés de ce mélange. Le noir neuf paraît ajouter à la qualité du noir revivifié.

Nous avons essayé les diverses méthodes de revivification continue, soit dans des cornues en fonte, soit dans des fours en maçonnerie qui sont alimentés par le haut et qui se vident par la partie inférieure. Le noir fait par ces procédés nous a toujours paru moins bon que celui provenant des marmites.

Nous ne fabriquons d'autre noir que celui qui sert à notre sucrerie.

Le noir usé entre dans la préparation de nos engrais pulvérulents.

Distillerie.

Nous avons commencé par distiller des pommes de terre.

Maintenant nous distillons surtout des mélas-

ses. Nous avons aussi quelquefois distillé du cidre avec avantage.

En 1847, la récolte des pommes fut telle en
Picardie, que, de mémoire d'homme, on n'a
vait vu une aussi grande abondance. Les fûts
manquant, nous avons trouvé à acheter des ci-
dres à vil prix, et nous en avons distillé une
grande quantité.

1 hectolitre de cidre pesant 5°,5 à l'aréomètre
de *Cartier*, nous donnait en moyenne 5 litres
d'alcool à 100 centésimaux. Nous avons, en
1847, distillé plus de 2,000 hectolitres de cidre.

Les résidus de distillerie sont pour les bœufs
et les vaches que nous engraissons un excellent
breuvage.

Pressoir à cidre.

Notre pressoir à cidre ne ressemble en rien à
ceux que l'on rencontre partout chez les cultivateurs de Picardie et de Normandie. Ceux-ci se
composent de 2 parties principales :

1° Des cylindres avec dents à crochets, ou bien des auges circulaires avec meules pour écraser les pommes;

2° Des presses à vis pour exprimer le cidre. Ces presses tout en bois présentent souvent des proportions colossales, coûtent fort cher et exigent un local très-spacieux.

Aux auges ou aux cylindres nous avons substitué la râpe; aux presses gigantesques à vis, les simples presses hydrauliques.

Les pommes râpées sont mises dans des sacs en toile et soumises à la pression entre des claies en osier.

On voit que cette nouvelle méthode de fabrication du cidre a été empruntée au mode généralement employé dans les sucreries pour l'extraction du jus de betterave.

Elle nous paraît bien préférable aux procédés ordinaires pour l'économie du local, pour la perfection et la rapidité du travail. Avec 2 presses hydrauliques, nous pouvons sans peine faire 60 hectolitres de cidre en 12 heures.

Le cidre qui sort des sacs sous les presses hydrauliques est bien plus limpide que celui qui coule directement du marc sous les presses à vis, et il peut être de suite mis en tonneaux.

Un seul inconvénient s'est présenté dans l'emploi de la râpe. On sait que, malgré toutes les précautions que l'on peut prendre en ramassant les pommes, il s'y trouve souvent mêlées quelques pierres : or une seule de ces pierres suffit pour mettre une râpe hors de service, ce qui nous est quelquefois arrivé.

Pour éviter ce grave accident, nous avons employé avec un plein succès un moyen fort simple. Il consiste à prendre un cuvier et à y jeter les pommes avec de l'eau : les pommes surnagent, les cailloux plongent, on prend à la surface les pommes pour alimenter la râpe. Ce moyen infaillible, comme on le voit, n'est pas applicable aux poires dont la densité est plus grande que celle de l'eau.

Brasserie.

Les produits de notre brasserie étant presque exclusivement destinés à la consommation des villages voisins, ne peuvent être vendus à un prix très-élevé. La qualité de notre bière est donc subordonnée à ce prix, quoique nous soyons en mesure de faire cette boisson aussi bonne et aussi forte que possible.

L'orge est le seul grain que nous employons pour la fabrication de la bière. Nous y avons quelquefois ajouté un peu de sirop de pommes de terre, mais jamais de mélasse.

L'emploi du houblon dans notre brasserie nous donna l'idée de cultiver nous-mêmes cette plante ; mais sous notre climat elle avait un arome *sui generis* qui ne permettait pas de l'employer seule : il fallait la mélanger avec le houblon de Poperingue. Nous avons abandonné cette

culture, qui chez nous ne pouvait pas recevoir
une grande extension.

Vinaigrerie.

Pendant un certain temps, nous avons fait
une assez grande quantité de vinaigre avec des
lies de cidre et des esprits de notre distillerie.
Nous étions, à cette époque, considérés comme
des bouilleurs de cru, et nos esprits n'étaient
soumis à aucun droit.

L'exercice étant venu plus tard frapper les
produits de notre distillerie, nous n'avons pu
continuer d'employer nos esprits à la vinaigrerie, et nous avons été dans la nécessité de res-
treindre considérablement notre fabrication de
vinaigre.

Féculerie.

Quoique nous nous trouvions placés dans de
mauvaises conditions pour nous livrer à cette

     FERME-ÉCOLE

industrie, n'ayant pas de cours d'eau à notre disposition, et les puits du Mesnil ayant une profondeur de 100 mètres, cependant il nous est arrivé quelquefois d'extraire la fécule d'une grande partie de nos pommes de terre.

C'est ce que nous avons surtout fait avec un grand avantage la première année de l'apparition de la maladie de la pomme de terre.

Mais depuis nous avons mieux aimé diminuer la culture de cette plante que de courir les chances de la redoutable maladie.

Meunerie. — Huilerie.

Réunies dans un même moulin à vent, ces 2 industries n'ont de commun que le même toit et le même moteur.

Il y a dans ce moulin 2 étages et 1 rez-de-chaussée. Au 2me étage sont 3 paires de meules dont 2 plus grandes pour faire de la farine et une plus petite destinée à concasser le malt pour la fabrication de la bière et l'avoine pour la nourriture des chevaux.

Le 1ᵉʳ étage renferme les bluteries consistant en prismes hexagonaux recouverts de tissus.de soie de différentes finesses.

La farine qui n'est pas consommée dans la ferme est convertie en pains qui sont vendus aux ouvriers.

Notre meunerie nous donne le moyen de tirer avantageusement parti des bas produits de nos greniers, lesquels présentent toujours pour la vente le plus de difficultés.

L'*huilerie* est au rez-de-chaussée. Nous avons d'abord fait usage des pilons pour la fabrication de l'huile. Nous avons ensuite remplacé les pilons par les meules verticales qui sont bien préférables pour la perfection et la rapidité du travail. Par un bon vent, nos meules peuvent faire 4 barils d'huile en 24 heures.

Briqueterie.

Quoique cette industrie ait avec la culture des rapports moins directs que celles dont nous avons parlé jusqu'à présent, elle a cependant le précieux avantage de donner aux chevaux de la ferme, pendant l'interruption des travaux des champs, une occupation utile pour le transport de l'argile, du sable et du bois employés dans cette fabrication, et pour le charroi des produits qui sortent de cette usine.

Outre les briques, nous faisons encore des tuiles, des pannes et des faîtières.

3 fours servent à la cuisson de ces divers produits. Le bois est jusqu'à présent le seul combustible employé.

Un manége sert à la préparation de la terre.

Nous avons essayé l'usage d'une machine propre à faire des briques, mais les résultats ne nous ayant pas paru satisfaisants, nous l'avons abandonnée.

La terre de notre sous-sol étant une argile douce, sans mélange de silex ni de calcaire, est excellente pour la fabrication de la tuile et surtout de la panne. Aussi nos produits ont-ils acquis dans le pays une certaine réputation.

Nous trouvons aussi sur notre propriété le sable qui est nécessaire à la briqueterie.

Fabrique d'instruments aratoires.

Comme on a pu le voir par ce qui précède, nous n'achetons aucun instrument aratoire; nous les faisons tous fabriquer chez nous, charrues, herses, extirpateurs, semoirs, etc. Nous avons pour cela une forge et des ateliers de charronnage et de menuiserie. Des ouvriers du pays, que nous avons formés, sont seuls employés dans ces ateliers.

Nous avons déjà eu l'occasion de dire qu'aucun de nos instruments n'est compliqué et ne présente de difficulté de construction. La simplicité est pour nous une condition essentielle à laquelle rien ne peut nous faire renoncer; mais, pour être simples, nos instruments ne sont pas moins bons, et nous exigeons d'eux une grande perfection sous le rapport de la solidité et de l'exécution du travail.

Déjà, depuis quelques années, plusieurs cultivateurs se sont adressés à nous, pour nous demander quelques instruments semblables à ceux dont nous nous servons. Nous avons appris avec plaisir qu'ils en avaient été contents et qu'ils en avaient préconisé les avantages. C'est là un puissant encouragement qui nous prouve combien nous avons eu raison d'entrer dans cette voie de simplification de la mécanique agricole.

Notre *fouilleur* surtout a été très-recherché depuis quelques mois; nous avons eu peine à suffire aux nombreuses commandes qui nous ont été faites. Un aussi grand et rapide succès ne nous permet plus de douter du rôle que cet instrument est appelé à jouer dans les cultures perfectionnées.

Fabrique de vitraux peints.

En 1846, ayant rencontré chez un jeune homme du Mesnil les plus heureuses dispositions pour la peinture et le désir ardent de devenir un peintre-verrier, nous avons profité de cette occasion pour joindre à nos usines une fabrique de vitraux peints.

Cette industrie n'a, il est vrai, aucun rapport direct avec la culture, mais elle se rattache dans notre pensée à la solution du grand problème de l'organisation du travail. Car, dans notre conviction intime, ce problème restera insoluble, tant que l'on n'aura pas trouvé le moyen de retenir et de fixer à la campagne, non par des paroles et des promesses, mais par des travaux réels et lucratifs, les ouvriers intelligents qui depuis plusieurs années semblent se donner rendez-vous de tous les points de la France pour se concentrer et se corrompre dans les grandes

villes manufacturières ; bientôt désabusés et ne
trouvant, après quelques jouissances passagères,
que des privations et des misères de tout genre,
ils ne manquent pas, dans leur désenchante-
ment et leurs cruelles déceptions, de se joindre
aux mécontents, et de grossir le nombre des malheureux qui n'ont pour espérances que des rêves
et des utopies, pour avenir que des émeutes et
des révolutions......

Déjà notre œuvre a porté des fruits. Nous
avons dû nous féliciter de voir que, parmi les
ouvriers de notre fabrique de vitraux peints, il
s'en soit trouvé un qui, né au Mesnil, mais ne se
sentant pas d'inclination pour la culture, était
allé chercher à Paris une occupation plus en
harmonie avec ses dispositions naturelles, et qui,
en apprenant la fondation de notre fabrique de
vitraux, n'a pas hésité à quitter la ville pour re-
tourner à la campagne ; il espérait avec raison
que nous ne lui refuserions pas un travail qui
convenait si bien à ses goûts et à son intelligence,

Plusieurs autres ouvriers du Mesnil sont aussi occupés dans cette usine.

Quelques artistes distingués sont venus à notre aide, et des verrières importantes n'ont pas tardé à être placées dans les églises de Senlis, d'Alençon, de Mondidier et de plusieurs autres villes.

Notre fabrique de vitraux peut donc se passer de secours, et le but de sa création, si nous pouvons l'atteindre, suffira pour nous payer de nos peines. Ce que nous désirons par-dessus tout, ce que nous souhaitons de tous nos vœux, c'est que notre exemple soit suivi ; c'est qu'on aide les cultivateurs à fonder près de leurs exploitations rurales des établissements industriels ; c'est qu'on leur donne à cet effet les encouragements nécessaires ; et, nous aimons à le penser, c'est ce que ne manqueront pas de faire les hommes qui veulent le bonheur de la classe ouvrière et qui comprennent, comme nous, que ce n'est pas avec de vaines théories, mais par des actes sérieux et réfléchis qu'ils pourront accomplir la grande et sainte mission dont ils sont préoccupés.

Tel est l'exposé, bien succinct et bien imparfait sans doute, de nos expériences et de nos travaux jusqu'à l'époque de la fondation de la ferme-école du Mesnil-St-Firmin.

Si nous avons fait faire quelques progrès à l'agriculture de notre pays, le mérite n'en est pas seulement à nous. Nous avons trouvé chez quelques hommes dévoués et amis un continuel et puissant concours. Que toutes les personnes qui se sont associées à nos travaux recueillent donc aussi leur part dans nos succès. A tous nous voulons ici exprimer notre reconnaissance et surtout à l'homme au cœur généreux, qui, pendant 20 ans, nous a aidés avec un zèle et un dévouement sans bornes, au brave capitaine

Ribet, qui, après avoir fait les guerres de l'empire, est venu appliquer au Mesnil les perfectionnements agricoles qu'il avait observés dans le cours de ses nombreuses campagnes; non content d'avoir consacré sa jeunesse au noble métier de soldat, il a aussi voulu, pendant la paix, offrir à l'agriculture de son pays le reste de ses forces et le fruit de son expérience.

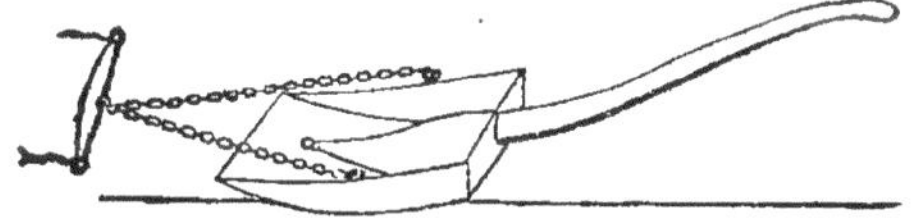

DEUXIÈME PARTIE.

Ferme-École du Mesnil-S-Firmin.

On a dit tant de choses pour et contre l'enseignement agricole, pour et contre l'organisation
de cet enseignement, que nous avons longtemps
hésité à nous charger de la direction d'une
ferme-école.

Si l'on voulait cependant bien poser la question, il nous semble que l'on serait bientôt d'accord.

Que l'agriculture soit une science, c'est, en effet, ce que personne ne peut nier. Que cette science soit difficile, c'est encore ce dont tout le monde convient. Mais est-ce une raison pour abandonner l'enseignement agricole? C'est sur ce point que les avis se partagent, et bien à tort, selon nous, car plus la tâche est ardue, plus elle nous paraît honorable.

Des hommes sérieux ont dit, il est vrai, que les formules certaines de la science agricole étaient fort peu nombreuses, et ils ont signalé ce fait comme un obstacle à l'enseignement de l'agriculture. Nous ne partageons pas cette opinion. Peu importe, en effet, le nombre de ces formules certaines. Est-il, par exemple, une science qui repose sur un moins grand nombre d'axiomes que la géométrie, et pourtant est-il une science plus positive.

Or, que la science agricole repose aussi sur des faits incontestables, c'est ce qui n'est pas douteux. Qui osera nier notamment l'influence

des engrais, des amendements, des labours ? Qui
contestera les bienfaits des sarclages , l'utilité de
l'appropriation des différents terrains aux différentes plantes, et une foule d'autres principes
qui ne sont pas plus douteux que ceux qui servent de fondement à la médecine, à la chimie, à
la géologie ?

Nous agriculteurs, nous avons maintenant
assez de faits, assez d'expériences et d'observations pour arriver à des généralisations, pour
former une science et pour l'enseigner.

Pendant longtemps la chimie n'a été qu'un
art prétentieux à la recherche d'une panacée
universelle, la médecine qu'un empirisme ab-
surde, la géologie qu'un amas de ridicules sys-
tèmes. Aujourd'hui toutes ces sciences sont sor-
ties de ces fausses voies, et elles marchent à
grands pas vers la vérité.

L'agriculture est peut-être la seule à laquelle
quelques sceptiques refusent encore le nom de
science ; mais elle existe malgré eux, et malheur

à celui qui la méconnaît ! Malheur surtout au cultivateur qui, suivant la marche de ses devanciers, dédaigne la science à laquelle, sans le savoir, il doit tout ce qu'il a ; car la science, ce n'est pas un vain système, c'est une réunion d'expériences, une synthèse d'observations ; c'est l'héritage de nos pères, la tradition de nos ancêtres ; c'est la vérité, la richesse, et de plus encore, suivant l'expression du sage, la science, c'est le bonheur (1).

Mais si l'agriculture est véritablement une science, l'enseignement de cette science est rempli de difficultés. Et si les fermes-écoles, qui forment le 1er degré de cet enseignement, sont utiles, il ne faut pas croire que leur organisation n'exige pas beaucoup de peines, de dévouements et peut-être de déceptions.

C'était l'opinion de feu M. l'inspecteur *Royer*, qui avait fait une étude approfondie de l'Allema-

____

(1)   *Felix qui potuit rerum cognoscere causas !*
      Heureux qui des effets peut connaître les causes !

gne, au point de vue de l'enseignement de l'a-
griculture. Ainsi, en parlant de l'instruction
agricole, il dit : « *Il n'entre pas dans notre pensée
de contester les bienfaits de cette instruction ; mais
seulement d'établir la difficulté réelle de les faire
pénétrer dans les masses* (1). »

L'enseignement agricole doit être le complé-
ment de l'instruction primaire des ouvriers ru-
raux. Cet enseignement est nécessaire pour développer leur intelligence ; lui seul peut, en les
délivrant du joug dégradant de la routine, leur
faire perdre ces habitudes honteuses dont doit
rougir une nation civilisée, et les conduire à des
mœurs plus douces et plus dignes d'un grand
peuple. Ainsi, en Allemagne, il est certain que
c'est à cette instruction agricole, répandue dans
toutes les classes ouvrières, que l'on doit attribuer la possibilité d'exécution des mesures prises
et même des lois faites dans le but de punir les

(1) *Agriculture allemande*, p. 183.

grossières et abrutissantes habitudes des hommes incultes. En Wurtemberg, par exemple, comme le fait observer M. *Royer* (1) : « *Il est défendu de jurer dans toute l'étendue du royaume, et rien n'est plus extraordinaire que le contraste que cette seule défense occasionne dans les mœurs et la tenue des postillons, rouliers, etc., quand on compare ceux du Wurtemberg, toujours respectueux et doux, avec ceux de France, par exemple, presque toujours grossiers et brutaux.* »

M. *Royer* nous apprend encore : « *qu'il existe à Munich une association maintenant très-nombreuse, fondée,* dit-on, *par le D^r* PERNER, *en mars* 1842, *et qui a pour but principal d'obtenir la moralisation des classes ouvrières rurales, par l'amour des animaux domestiques et la répression des mauvais traitements qu'une brutale ignorance leur inflige trop communément.*

« *On voit que cette association est plutôt une so-*

____

(1) *Agriculture* précitée, p. 137.

ciété philanthropique ou d'éducation primaire qu'une société d'agriculture proprement dite. Il n'est pas douteux cependant qu'une telle institution ne puisse rendre d'éminents services, et nous devons ajouter qu'elle aurait beaucoup plus à faire en France qu'en Bavière, où les classes ouvrières qui soignent les animaux possèdent déjà une douceur de paroles et d'action qui forme le contraste le plus humiliant pour nous, avec l'obscénité grossière du langage et la brutalité féroce de la partie correspondante de notre population (1). »

Personne ne peut donc méconnaître les avantages de l'enseignement agricole; mais cela ne suffit pas, il faut encore que tous les hommes qui veulent le bonheur et la dignité de leur pays viennent nous aider de leur concours, et que, au lieu d'exagérer les obstacles et d'augmenter nos craintes, ils travaillent à aplanir les difficultés et à encourager nos efforts.

(1) *Agriculture* precitée, p. 228.

Création de la ferme-école.

C'est le 1er janvier 1848 que fut créée la ferme-école du Mesnil-St-Firmin.

8 élèves y furent admis par un jury composé de MM. *Danse*, président du tribunal de Beauvais, *Dainval*, *Levasseur*, membres du conseil général de l'Oise, et l'abbé *Gellée*, curé de la cathédrale de Beauvais. Un 9e élève entra plus tard comme apprenti jardinier-pépiniériste.

Bâtiments.

Un corps de logis composé d'un réz-de-chaussée et de 2 étages a été affecté à la ferme-école.

Ces bâtiments existaient depuis longtemps; mais ils ont été appropriés à cette nouvelle destination.

Le rez-de-chaussée sert de réfectoire, de salle d'étude. On y a aussi préparé une pièce dans la-

quelle se trouvent, d'un côté, un lavoir, et de
l'autre côté les instruments divers qui servent
aux enfants pour leurs travaux. Ce sont des bê-
ches, des fourches, des fléaux, des faux, etc., etc.

Le dortoir est au 1er étage. Les lits sont suspendus par des tiges de fer, et tiennent le milieu
entre les lits ordinaires et les véritables hamacs.

A l'une des extrémités du dortoir est la biblio-
thèque. Cette pièce est aussi destinée à recevoir
les os et les préparations anatomiques nécessaires
pour les leçons d'art vétérinaire, ainsi que les
échantillons de terres, les réactifs et les médica-
ments indispensables pour les démonstrations
dans les conférences sur la nature du sol, les propriétés des corps et le traitement des animaux
malades.

A l'autre extrémité sont l'infirmerie et le ves-
tiaire. Chaque élève a un compartiment numé-
roté, où il place ses effets.

Le 2e étage, qui est maintenant inoccupé, doit
plus tard être transformé en dortoir, quand le

nombre de nos élèves sera complet. Le 1ᵉʳ étage
pourra alors servir de salle d'étude.

Nourriture.

Les élèves font 4 repas; ils ont :

Au déjeuner, avec le pain, quelques fruits,
des radis, ou du fromage;

Au dîner, la soupe, des légumes, un plat de
viande, quelquefois un fruit ou du fromage;
(les jours maigres et le mercredi le plat de viande
est remplacé par un plat de légumes, ou des
œufs ou du poisson);

Au goûter, un morceau de pain seulement;

Au souper, 2 plats maigres ordinairement,
quelquefois de la viande, mais par exception.

A tous les repas, excepté au goûter, ils ont du
cidre. Cette boisson n'est pas aussi forte qu'on a
coutume de la faire habituellement chez les cultivateurs de nos pays. Elle est légère, agréable,
rafraîchissante et très-saine. On la prépare avec
un mélange de cidre ordinaire et d'une infusion

de pommes sèches dans l'eau. L'été, pendant les grandes chaleurs et pendant la moisson, les élèves ont aussi du cidre au goûter.

Cette nourriture revient par élève à 0^f,80^c par jour.

Nous ne pouvons nous empêcher de dire en passant quelle est comparativement à celle de nos enfants, la nourriture de nos populations rurales.

Le régime alimentaire de nos élèves a été calqué sur celui des ouvriers de ferme des grands cultivateurs de nos environs qui ont l'habitude d'avoir à leurs repas de la viande presque chaque jour.

Mais si l'on observe ce qui se passe dans le ménage des petits cultivateurs et des autres habitants de nos villages, on trouve des habitudes bien différentes. Ainsi chez tous ceux-ci l'usage régulier de la viande est inconnu.

Dans presque toutes les communes qui nous environnent, les familles les plus aisées sont les

seules qui, chaque année, tuent et salent 1 porc ou
2 au plus; cette provision ne suffit pas pour alimenter journellement 4 ou 5 personnes et quelquefois davantage. Aussi le saloir n'est-il ouvert
que le dimanche et les jours de fêtes. Les autres
jours, abstinence de chair. On ne voit jamais de
viande de boucherie, excepté dans les grandes
circonstances, comme les visites d'amis, les
fêtes de famille, etc.

Or, sur 100 ménages, 25 ou 30 au plus sont
placés dans cette dernière catégorie.

Le reste, c'est-à-dire plus des $\frac{2}{5}$, ne tuent jamais de porc, achètent bien rarement de la
viande aux bouchers, et sont à un régime presque
entièrement végétal. Leur nourriture se compose de pommes de terre, choux, navets, hari-
cots; d'œufs quand ils ne sont pas trop chers;
de harengs quand ils sont fort communs, de fromage, de beurre, de radis (1).

(1) La pomme de terre étant avec le pain la base de cette nourriture, il est facile de prévoir quelle serait la privation et peut-

Ils mangent ordinairement la soupe 2 fois par jour. Cette soupe est faite pour le dîner. On garde du bouillon pour le souper.

Quand la récolte des pommes est abondante, tout le monde boit du cidre. Si elle vient à manquer, la plupart boivent de l'eau.

C'est en suivant ce régime frugal, que nos ouvriers sont vigoureux et jouissent d'une santé florissante (1). Et cette nourriture, nous en sommes persuadés, est bien préférable aux aliments plus recherchés, mais moins naturels des ouvriers des villes, aux viandes malsaines, aux mets épicés, aux fritures nauséabondes et aux vins de médiocre qualité.

On nous pardonnera cette digression, parce être la misère de notre population rurale, si la maladie qui sévit contre ce précieux tubercule venait à faire de nouveaux progrès.

(1) Nous voulons seulement enregistrer ce fait, mais il n'entre nullement dans notre pensée d'entamer ici une discussion sur la question de savoir si un régime alimentaire dans lequel de la viande bien saine entrerait pour une certaine partie, ne serait pas plus fortifiant qu'un régime purement végétal.

que dans un moment où tout le monde s'occupe
d'améliorer le sort des classes ouvrières, et où un
si petit nombre de personnes ont pu étudier par
elle-mêmes les habitudes et les mœurs de cette
partie de la société, c'est un devoir pour chacun de publier le résultat de ses observations.
Il arrive souvent en effet qu'avec les intentions
les plus pures, on se méprend sur les véritables
besoins des pauvres et que, au lieu de les secourir,
on ne fait qu'aggraver leur position. Le temps
des rêves et des utopies est passé; ce qu'il faut
maintenant, ce sont des faits, ce sont des études
approfondies.

Nous tenions, pour notre compte, à signaler
comme un fait constant que la vie sobre et la-
borieuse de nos bons paysans est pour eux, une
source de bonheur et de santé, et qu'un grand
nombre d'entre eux, à qui leur aisance permet-
trait d'avoir une alimentation plus recherchée,
ne veulent pas abandonner un régime dont ils
savent apprécier les avantages.

La moindre diminution des charges et des impôts qui pèsent sur les petits cultivateurs, nous en avons aussi la ferme conviction, leur procurerait bien plus de jouissances que toutes les utopies des socialistes qui égarent le peuple en le flattant sans pouvoir jamais le rendre plus heureux.

Vêtements.

Les jours de travail, nos apprentis-élèves ont une blouse, un chapeau de feutre gris, un pantalon en étoffe plus ou moins épaisse, suivant la saison ; l'hiver on ajoute un gilet de drap avec manches de laine, et un caleçon.

La chaussure que nous avons choisie, est le brodequin tout en cuir, pour l'été, et le brodequin avec épaisse semelle en bois, pendant l'hiver. La semelle de bois adaptée à cette chaussure nous paraît bien préférable aux sabots.

Jusqu'ici nous n'avons pas exigé de trousseau

des élèves à leur entrée dans l'école. Nous pensons en effet que cette mesure, qui a été adoptée par plusieurs directeurs de fermes-écoles, aurait dans notre localité l'inconvénient d'éloigner de notre établissement des enfants à y entrer et dont les parents pauvres ne pourraient supporter cette dépense. Nous n'avons pas voulu non plus laisser nos élèves se composer, chacun à sa façon, un trousseau, avec les vêtements qu'ils auraient à leur disposition, parce qu'il en serait résulté dans leur costume une bigarrure que nous regardons comme incompatible avec la règle uniforme de toute bonne administration.

Nous avons, en outre, donné à nos apprentis-élèves, pour les dimanches et les jours de fêtes, un uniforme en drap consistant en tunique, pantalon et képi. Nous savons que dans plusieurs fermes-écoles on se contente pour le dimanche d'une blouse en toile; mais dans nos pays le drap étant adopté par tous les valets de ferme, nous aurions craint de rabaisser les élèves dans l'opinion des domestiques en laissant exister une trop grande différence entre les vêtements des uns et des autres.

Les dépenses de l'uniforme et du trousseau sont jusqu'à présent restées à notre charge; nous espérons que le conseil général de l'Oise, qui déjà nous a aidés pour l'appropriation des bâtiments de notre ferme-école, reconnaîtra l'utilité des mesures que nous avons prises pour l'habillement de nos élèves, et qu'il viendra encore à notre secours pour l'accomplissement d'un projet dont nous avons déjà reconnu les avantages, mais dont la continuation à l'avenir serait pour nous trop onéreuse.

Personnel.

D'après l'arrêté constitutif de notre ferme-école, 4 personnes, outre le directeur, doivent être chargées de tous les détails relatifs à l'instruction des élèves; ce sont :

1 surveillant comptable,

1 chef de pratique,

1 médecin-vétérinaire,

· 1 jardinier-pépiniériste.

Il nous eût été très-difficile de trouver quatre hommes capables de remplir seuls toutes ces fonctions d'une manière vraiment satisfaisante, et cependant nous avions entre les mains tous les éléments nécessaires pour arriver à ce but.

Ainsi, par exemple, nous connaissions quelqu'un bien dévoué, qui, par sa douceur et sa patience, sa fermeté et son désintéressement, son amour pour le bien et sa capacité pour la direction des enfants, nous paraissait réunir toutes les qualités convenables pour la surveillance de nos apprentis-élèves, et pouvait certainement devenir l'âme de la ferme-école. Mais cet homme ne savait pas la comptabilité.

Nous avons, au contraire, un excellent comptable, mais qui ne se sent aucun goût pour la direction des enfants.

Si nous avions voulu suivre à la lettre l'arrêté constitutif de notre ferme-école, il eût donc fallu rejeter ces 2 hommes, puisque ni l'un ni l'autre ne pouvant en même temps surveiller les élèves et leur apprendre la tenue des livres, aucun n'était véritablement propre à devenir un surveillant-comptable. Il aurait donc fallu chercher parmi les inconnus cet homme capable d'être à la fois chargé de la surveillance des enfants et de l'enseignement de la comptabilité. C'est ce que nous n'avons pas voulu faire dans l'intérêt même de notre institution, et nous avons donné le titre de surveillant-comptable à l'homme que nous avions reconnu si capable de la direction des enfants, mais en même temps nous avons chargé notre comptable de lui venir en aide pour toutes les écritures financières.

De même notre jardinier-pépiniériste est un praticien capable d'exécuter tous les travaux de jardinage. Il a été étudier à Paris la taille des arbres, la culture des primeurs. Son zèle et son activité nous sont connus; il est établi dans le pays, et nous présente toutes les garanties désirables ; mais il n'a pas assez contracté l'habitude de parler pour pouvoir toujours expliquer d'une manière claire et méthodique la raison de chaque chose, l'utilité et l'avantage de chaque opération. Fallait-il donc laisser cet homme en dehors de la ferme-école, et chercher ailleurs un jardinier plus capable peut-être de parler et de professer, mais moins habile et moins diligent dans l'action et dans le travail. Nous n'avons pas voulu prendre ce parti; nous avons mieux aimé laisser nos enfants travailler sous les yeux et sous la direction de notre jardinier dont la probité nous est connue, que de les confier à l'inconnu; nous nous chargeons nous-mêmes, dans nos conférences, de suppléer à ce qui manque à notre jardinier, et de donner à nos enfants toutes les explications nécessaires pour l'intelligence des opérations qu'ils exécutent.

C'est ainsi qu'ayant, à raison de l'étendue de

notre culture et de la variété de nos usines, un assez grand nombre de contre-maîtres, d'ouvriers-chefs, de surveillants capables, nous avons préféré utiliser au profit de nos apprentis-élèves les connaissances et la capacité de tous, et avec le contingent fourni par chacun de ces surveillants et ouvriers chefs, tels que semeur, palefrenier, vacher, berger, laboureur, maréchal, charron, etc., nous avons formé une masse de connaissances qu'il eût été bien difficile de trouver réunies dans les mains de 4 hommes seulement.

Nous avons été très-heureux dans le choix de ceux qui se sont spécialement dévoués à l'œuvre de notre ferme-école.

Notre surveillant-comptable, M. *Chaumont*, est un des frères agronomes de S\u00 b9-Vincent-de-Paul, dont nous avons parlé plus haut (*Page* 134). C'est un ancien militaire qui, après avoir honorablement servi, a compris tout le bien qu'il pouvait faire dans notre ferme-école en se chargeant de la surveillance. Son dévouement est sans bornes; il veille sur les apprentis-élèves comme sur ses propres enfants ; il mange à la même table, couche dans le même dortoir, et partage tous leurs travanx et toutes leurs fatigues. Par son zèle et par son abnégation, il a su s'élever à la hauteur de la tâche qu'il a entreprise, et nous avons la confiance que le ciel bénira ses efforts. M. *Chaumont* sera pour nous un véritable *Werly* (1). Frère agronome de St-Vincent-de-Paul, il a dès à présent sur le bon et estimable maître d'Hofwil l'avantage d'un stimulant bien précieux ; c'est la certitude de trouver dans la congrégation à laquelle il appartient d'utiles auxiliaires actuels, et pour l'avenir des suc-

(1) Tout le monde connaît le nom de *Werly* dont le dévouement a si puissamment contribué au développement de l'école d'agriculture pratique fondée par M. de *Fellemberg* à Hofwil, en Suisse. Ce nom est devenu si populaire qu'on a appelé écoles *Werly* les établissements agricoles créés à l'imitation de celui de M. de *Fellemberg*.

cesseurs capables de développer et de perpétuer l'œuvre qu'il aura commencée.

Nous avons pour médecin-vétérinaire M. *Mangot*, ancien élève d'Alfort, que son instruction et son expérience rendent extrêmement recommandable; il joint à un zèle à toute épreuve une patience admirable pour expliquer et faire comprendre à nos élèves des choses entièrement neuves et souvent obscures pour ces jeunes intelligences. Aussi nos enfants ont-ils fait déjà de grands progrès, et nous sommes convaincus qu'à leur sortie de l'école ils auront toutes les notions nécessaires pour reconnaître et apprécier les maladies les plus communes, et pour y apporter les premiers remèdes, surtout dans les cas urgents où la plus petite perte de temps peut souvent entraîner la mort d'un animal.

L'honorable directeur de notre colonie d'orphelins, M. l'abbé *Caulle*, a bien voulu se charger de l'enseignement religieux et de la direction morale des élèves de la ferme-école. Malgré ses occupations nombreuses à Merle , il vient au Mesnil un jour de chaque semaine visiter nos enfants, encourager leurs efforts et leur inspirer le goût du travail. C'est ainsi que dans des entretiens pleins de douceur et de bienveillance, nos élèves vont chaque semaine recevoir d'utiles conseils, ranimer leur zèle, retremper leur courage et puiser une ardeur nouvelle pour l'accomplissement de leurs devoirs.

Travail manuel.

L'enseignement dans les fermes-écoles devant être essentiellement pratique, le travail manuel est la base de l'occupation de nos apprentis-élèves. Nous avons pu nous convaincre aussi qu'il est la source de leur bonheur, le fondement de leur moralité et la cause des jouissances qu'ils éprouvent dans leur travail intellectuel.

Nos élèves ont pris part à tous les travaux de première année , énumérés dans le programme qui nous a été remis par M. le ministre. Les bonnes dispositions et les progrès de nos enfants nous ont même permis de dépasser un peu les limites de ce programme.

Ainsi, pendant l'année qui vient de s'écouler, nos élèves ont successivement exécuté les opérations suivantes :

Battage au fléau et à la machine des céréales, du colza, etc.;

Vannage des céréales, des graines de betterave, carotte, sainfoin, etc.;

Préparation des composts et des fumiers ;

Confection des silos pour la conservation des betteraves, carottes, pommes de terre, etc.;

Buttage des pommes de terre à la main, à la houe ;

Sarclage des racines, des céréales, du colza, etc. ;

Soins et engraissement des animaux ;

Fenaison, emmelonnement des fourrages ;

Récolte des céréales avec la *faucille*, la *sape*, et même avec la *faux ;*

Confection des meulons, engerbage ;

Labour et façons diverses du sol ;

Ensemencement d'engrais pulvérulents, comme exercice préparatoire pour l'ensemencement des grains;

Plantation d'arbres fruitiers;

Charrois au tombereau.

Travail intellectuel.

Il ne suffit pas que les élèves des fermes-écoles sachent exécuter toutes les opérations qui concernent la culture, il faut encore qu'ils les comprennent; il faut qu'ils puissent en apprécier les avantages et les inconvénients.

Quoique l'instruction soit essentiellement pratique, il nous a semblé que la science agricole devait, dans de certaines limites, être enseignée aux élèves. Cette tâche, il faut l'avouer, était au 1er coup d'œil difficile à remplir; mais quand nous avons voulu nous mettre à l'œuvre, tous les obstacles se sont bientôt aplanis, et nous avons appris, en raisonnant avec les élèves, qu'il n'est pas d'intelligence, si peu exercée qu'elle

soit, qui ne puisse bientôt s'ouvrir à la lumière
et à la connaissance de la vérité.

Peut-être la marche que nous avons suivie a-
t-elle, en grande partie, contribué au succès que
nous avons obtenu. Nous avons pris en effet pour
règle générale de ne parler à nos enfants que
des choses qu'ils avaient vues, que des instruments qu'ils avaient maniés et des opérations
qu'ils avaient eux-mêmes exécutées. C'est par ce
moyen qu'ils ont pu comprendre des explications souvent difficiles à saisir, et avoir sur chaque chose des idées vraiment exactes et jamais
fausses.

Nos élèves ne savent pas la botanique; mais
ils connaissent déjà quelques-unes des plantes
qu'un cultivateur ne peut ignorer, et plus tard
ils apprendront à en connaître d'autres. Ils ont
aussi pu distinguer les différents organes dont se
composent les plantes et apprécier l'usage de ces
organes.

Ils ignorent aussi la mécanique, et cependant

ils comprennent le mécanisme d'une machine à battre, l'utilité de chacune des parties dont elle se compose, et le moyen de s'en servir.

On leur apprend à appeler par leur véritable nom les choses qui leur tombent continuellement sous la main, par exemple, les *balles* des *céréales*, les *siliques* des *crucifères*, l'*age* ou les *mancherons* d'une charrue, etc. Car la glossologie d'une science n'est qu'une affaire de mémoire, et il n'est pas plus difficile d'étudier la technologie d'un art ou d'une science que d'apprendre à parler une langue ; il ne faut pour cela aucun effort d'imagination ni de raisonnement.

Direction. — Discipline.

La direction des enfants nous a semblé la partie la plus difficile de notre tâche.

Rien de plus aisé sans doute que d'avoir un règlement et de le faire suivre avec exactitude ; mais nous avons pensé que là ne se bornait pas notre devoir. Il nous a semblé qu'il était obligatoire pour nous d'étudier le caractère, l'intelligence de nos élèves et leur plus ou moins d'aptitude pour chaque chose.

Nous craindrions, en négligeant cette étude de leurs dispositions naturelles, de compromettre l'avenir d'un grand nombre d'entre eux, et nous nous reprocherions toujours de n'avoir pas favorisé, autant qu'il était en nous, le développement des qualités que Dieu a départies à nos enfants.

Jamais nous n'avons transigé avec le caprice et l'inconstance. Jamais non plus nous n'avons fait d'accommodement avec la paresse dont nous avons rencontré le germe dans quelques caractères indolents. C'est là une mauvaise herbe qui pousse et renaît sans cesse, et qui, si on la laissait croître, finirait bientôt par étouffer les meilleures dispositions.

Jusqu'à présent aucun défaut grave n'a été observé parmi nos élèves. Nous avons seulement trouvé chez quelques-uns l'absence de cette activité qui est indispensable à des cultivateurs, et chez quelques autres des habitudes d'indépendance qui, dans le commencement surtout, leur ont fait paraître rigoureux le régime d'une discipline régulière.

Des conseils et des avertissements ont suffi pour corriger ces défauts, et nous n'avons pas eu encore à appliquer les peines que notre règlement met à notre disposition pour les cas de grandes fautes.

L'émulation a été un moyen puissant de stimuler et d'amender les élèves.

Chaque jour les notes les plus exactes sont tenues sur le travail, l'étude et la conduite, et, à la fin du mois, ces notes servent à déterminer le nombre de bons points qu'a mérités chaque élève. Ces bons points sont inscrits sur un tableau qui est exposé dans la salle d'étude.

Récréations.

Les dimanches et les jours de fêtes, les élèves prennent part aux jeux gymnastiques. Dans le but de les familiariser le plus possible avec les chevaux qu'ils sont appelés à soigner, on les habitue à sauter lestement sur ces animaux et à les monter sans selle ni étriers; on leur enseigne la marche et les premières manœuvres du soldat, et l'on se propose de leur apprendre aussi à se servir de la pompe à incendie. Ces différents exercices, en aidant au développement de leurs muscles, en donnant de la souplesse à leurs membres, en leur faisant prendre des allures plus dégagées, les fortifient et contribuent puissamment à les maintenir en santé.

En résumé, les résultats que nous avons obtenus dans la direction de notre ferme-école, pendant l'année qui vient de s'écouler, ont pleinement répondu à notre attente, et nous permettent de bien augurer de l'avenir de cet établissement.

Les élèves sont fort contents de leur position ; le meilleur esprit n'a cessé de régner parmi eux. Leur gaieté franche témoigne assez de ces bonnes et heureuses dispositions.

Ils ont eu un grand zèle pour tout ce qui concerne leur instruction. Peut-être ont-ils d'abord montré un peu plus d'indifférence pour les travaux agricoles. Mais depuis quelque temps ils ont eu plus d'ardeur, et ils paraissent bien comprendre maintenant que ces travaux doivent servir de base à leurs connaissances et assurer le bonheur de leur avenir.

Leur santé n'a rien laissé à désirer, et nous n'avons à consigner aucun cas de maladie.

En vertu de l'art. 20 de l'arrêté constitutif de notre ferme-école, un examen a eu lieu le 28 décembre dernier.

Un jury, composé de MM. *Danse*, président du tribunal de Beauvais, l'abbé *Gellée*, curé de la cathédrale de cette ville, *Dainval* et *d'Haudi-court* de *Tartigny*, membres du conseil général de l'Oise, est venu au Mesnil faire subir cet examen à nos élèves, assister à leurs travaux et les inter-roger sur toutes les matières de leur enseigne-ment. Les membres de ce jury ont été satisfaits de ce qu'ils ont vu. Ils ont décidé que tous les élèves avaient mérité la promotion à l'année su-périeure, et ils les ont classés par ordre de mé-rite.

Nous pensons donc avoir rempli notre tâche, et nous avons trouvé des gages bien encourageants de nos succès dans les sympathies des agriculteurs et des conseillers généraux qui sont venus visiter nos élèves, dans les résultats de l'examen de fin d'an-née, et aussi dans le témoignage de l'inspecteur d'agriculture, M. *Rayé*, qui, dans le cours de son inspection, a bien voulu nous consacrer une se-maine, interroger nos élèves, prendre part à nos conférences, nous aider de ses conseils; et qui, après être entré avec une bienveillance toute particulière dans l'examen des moindres détails de notre ferme-école et de notre exploitation, n'a pas voulu nous quitter sans approuver nos travaux et encourager nos efforts.

RÉSUMÉ

DE

L'EXPLOITATION RURALE PENDANT L'ANNÉE 1848.

Pour nous soumettre aux prescriptions de l'art. 14 de l'arrêté constitutif, nous avons tenu notre comptabilité en parties doubles. Un livre-journal a mentionné régulièrement le détail de toutes nos opérations, et des inventaires exacts ont été enregistrés sur un livre spécial.

Tous nos registres ont été soumis à M. l'inspecteur *Rayé* pendant son séjour au Mesnil. Nous avons consigné avec soin et suivi avec exactitude toutes ses observations, afin que notre comptabilité fût en harmonie avec les instructions qui nous ont été transmises.

Nous avons donc entre les mains les renseignements nécessaires pour établir la balance de tous nos comptes pendant l'année qui vient de s'écouler, et nous pourrions publier aujourd'hui ce bilan. Mais la dépréciation survenue depuis quelque temps dans la valeur de toutes les denrées, ayant entravé la vente de nos produits, nous avons été obligé de faire figurer au compte de l'inventaire des sommes fort importantes. Comme l'appréciation de ces valeurs ne peut être qu'approximative et même fort incertaine, puisqu'elle porte sur des données inconnues, par exemple, sur les graines des céréales qui ne sont pas encore battues, et dont le rendement, la qualité et le prix sont fort variables, nous ne pourrions, sans nous exposer à commettre de grandes er-

reurs, donner ces estimations comme des faits
certains et des résultats positifs. En présence de
semblables considérations, il nous semble donc
impossible de poser en ce moment des chiffres,
et la prudence nous fait un devoir d'attendre,
pour publier l'état réel de notre exploitation pendant l'année 1848, qu'une plus grande partie de
nos produits soit écoulée. Aujourd'hui, nous
devons nous borner à donner des aperçus
généraux sur les résultats de chaque espèce de
culture.

Céréales.

La récolte des céréales a été très-bonne : le
rendement en grains n'a cependant pas dépassé
celui d'une année ordinaire.

Dans quelques hectares seulement, les blés
d'hiver ont versé.

Dans plusieurs champs, nous avons remarqué que la floraison se faisait avec difficulté, à
cause d'un petit ver roussâtre qui, en s'introdui-

sant entre les valves des balles, empêchait le grain de se former. Heureusement, les ravages de cette larve d'insecte ont été concentrés sur quelques points seulement.

Le rendement en paille a été fort abondant.

Nos blés ont été, pour la plupart, mis en moyettes, et ils ont été tous rentrés très-secs. Nous n'avons cultivé d'autre variété de blé d'hiver que le *blé du Mesnil.*

Le poids de l'hectolitre n'a pas dépassé 79 kilog. ; la plus grande partie n'a pas même atteint ce chiffre.

Le *blé de mars* a été fort beau ; mais les pluies qui survinrent au moment de la fauchaison augmentèrent les difficultés de la récolte. Cependant, à l'aide des moyettes, on a pu conserver au blé toute sa qualité.

Aucune des gerbes de ce blé n'a encore été battue, mais d'après leur poids, il est facile de prévoir que le rendement sera tel que nous pouvons le désirer.

L'*avoine*, semée dans des circonstances peu favorables, par des pluies continuelles et dans des terres très-humides, a levé péniblement. Ensuite, la température étant devenue meilleure et plus favorable à sa végétation, cette plante a poussé avec une grande rapidité, et elle a donné de fort beaux produits.

L'*orge* a donné aussi une assez belle récolte.

Plantes diverses.

Le *colza* a laissé beaucoup à désirer.

3 causes ont surtout nui à cette plante :

1° Les *altises* au moment de la levée en 1847 ;

2° Les *ramiers* pendant l'hiver ;

3° Au printemps dernier une multitude de petits insectes (probablement de l'espèce *nitidula ænea* des auteurs) qui, s'introduisant dans les fleurs, rongèrent les filets des étamines, et s'opposèrent à la fécondation de la graine.

Le *trèfle* n'a pas souffert des gelées, mais sa végétation a été un peu retardée par les pluies et la température froide du printemps. Les mêmes causes ont aussi agi sur la *luzerne*.

Les *betteraves* ont été généralement belles ; cependant leurs produits n'ont pas dépassé ceux d'une année ordinaire.

Les *carottes* ont donné une récolte plus abondante que les betteraves. Un champ de quelques hectares attirait surtout les regards des visiteurs.

La maladie des *pommes de terre* a presque entièrement disparu cette année, mais nos produits ont été fort peu abondants.

Engrais.

Ayant eu l'occasion d'essayer comparativement pour nos betteraves le fumier d'écurie, de vacherie, de bergerie et de porcherie, c'est avec ce dernier que les betteraves ont donné la plus belle récolte. Nous attribuons en grande partie la puissance de ce fumier à la chair qui entre dans la nourriture de nos porcs.

Nos composts, fabriqués comme nous l'avons expliqué déjà .nous ont aussi donné de fort beaux résultats. Nous avons surtout pu constater leurs effets dans la culture des betteraves et des colzas.

Bétail.

Nous n'avons rien remarqué de particulier dans l'élevage ni dans l'engraissement de notre bétail.

Notre troupeau de moutons n'a été atteint d'aucune maladie.

Des cas trop nombreux de *péripneumonie* sont encore venus frapper nos bêtes bovines, sans qu'aucune précaution ait pu éloigner ce terrible fléau.

Divers croisements de porcs nous ont fait obtenir des produits qui donnent les plus belles espérances. Nous avons été aidés dans ces expé-riences par M. *Canet*, qui a bien voulu mettre à notre disposition plusieurs sujets fort remarqua-bles provenant de son troupeau.

Instruments.

Le rouleau *Kroskill* nous a rendu de grands services pour la préparation de nos terres. Les vents rapides qui, au mois d'avril, succédèrent à des pluies abondantes, avaient, en effet, durci la terre à un point tel, qu'il eût été difficile de la pulvériser avec des rouleaux seulement.

Notre houe à biner nous a également procuré des avantages incontestables pour le sarclage des betteraves et des colzas.

Le semoir nous a parfaitement réussi pour ces 2 dernières plantes, mais nullement pour le blé d'hiver. Ce blé, semé en lignes, a été bien inférieur à celui semé à la volée. Il n'en a pas été de même du blé de mars et de l'avoine semés en lignes : ils ont été fort beaux.

Nous avons été, comme à l'ordinaire, très-contents de notre fouilleur, de notre extirpateur et de notre araire à maillet.

Nous avons vu, dans des terres défoncées avec le fouilleur, des betteraves et des carottes atteindre et même dépasser une longueur de 0^m,50.

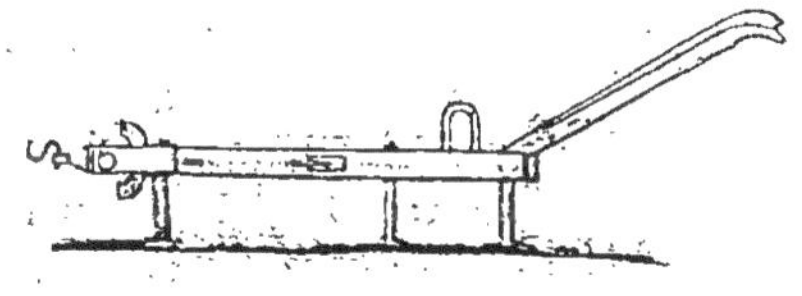

TABLE DES MATIÈRES.

(*V.* le plan et les gravures ci-joints.)

EXPLICATION DU PLAN.

A... Maison d'habitation, bureaux et administration centrale.
B... Presbytère et logement du directeur de la colonie.
C... Bureau de la poste aux lettres.
D... Église du village.
E... Route nationale.
F... Chemin conduisant à la route nationale.
G... Chemin conduisant au village.
H... Avenue conduisant au bois et à la bergerie.
I... Jeu de paume.

FERME-ÉCOLE.

a... Rez-de-chaussée : dépôt d'outils, lavoir, réfectoire.
    1er étage.......: salle d'étude, infirmerie, lingerie.
    2e étage........: dortoirs.
b... Rez-de-chaussée : logement du portier et des ouvriers, cuisine.
    1er étage.......: logement des contre-maîtres.
    2e étage........: greniers.
c... Jardin des élèves et cour de jeu.
d... Gymnastique.
e... Bois.
f... Pépinières.
g... École d'arbres fruitiers.
h... Plants d'arbres fruitiers.
i... Potager.
j... Maison du jardinier.
k... Rez-de-chaussée : écurie, sellerie et remise.
    1er étage.......: greniers.
l... Bûcher.
m... Etables pour élever la volaille.
n... Puits avec manége et réservoir d'eau.
o... Vacherie et cour pour les vaches.
p... Logement du vacher.
q... Bergerie.
r... Logement du berger.
s... Porcherie, cour pour les porcs, logement du porcher.
t... Granges.
u... Machine à battre et manége.

v... Fosse et citerne à purin.
x... Colombier et poulailler au-dessous.
y... Mare.
z... Rez-de-chaussée : magasin à fourrage, écuries.

COLONIE AGRICOLE D'ORPHELINS.

aa.. 1er étage : dortoirs, lingerie.
bb.. 2e étage : greniers.
cc.. Rez-de-chaussée : cuisine, réfectoire, buanderie.
    1er étage. . . . . . . : logement des Sœurs de Saint-Joseph.
    2e étage. . . . . : greniers.
dd.. Cour de jeu et jardin des orphelins.

INDUSTRIES DIVERSES.

  1... Rez-de-chaussée : logement d'ouvriers, magasin.
    1er et 2e étages : greniers.
  2... Porte cochère et greniers au-dessus pouvant servir au charge-
    ment des voitures à couvert.
  3... Vinaigrerie.
  4... Distillerie et greniers au-dessus.
  5... Brasserie.
  6... Sucrerie et dépendances.
  7... Machines à vapeur.
  8... Pressoir à cidre.
  9... Huilerie.
10... Puits avec pompe.
11... Maison d'habitation.
12... Bascule pour peser les voitures.
13... Magasins.
14... Atelier de menuiserie.
15... Atelier de charronnage.
16... Forge.
17... Dépôt d'instruments et de voitures.
18... Briqueterie et dépendances.
19... Logement du contre-maître avec jardin.
20... Fours.
21... Manége pour broyer la terre.
22... Citerne.
23... Fabrique de vitraux peints.
24... Fabrique de noir animal.
25... Fabrique de raquettes.

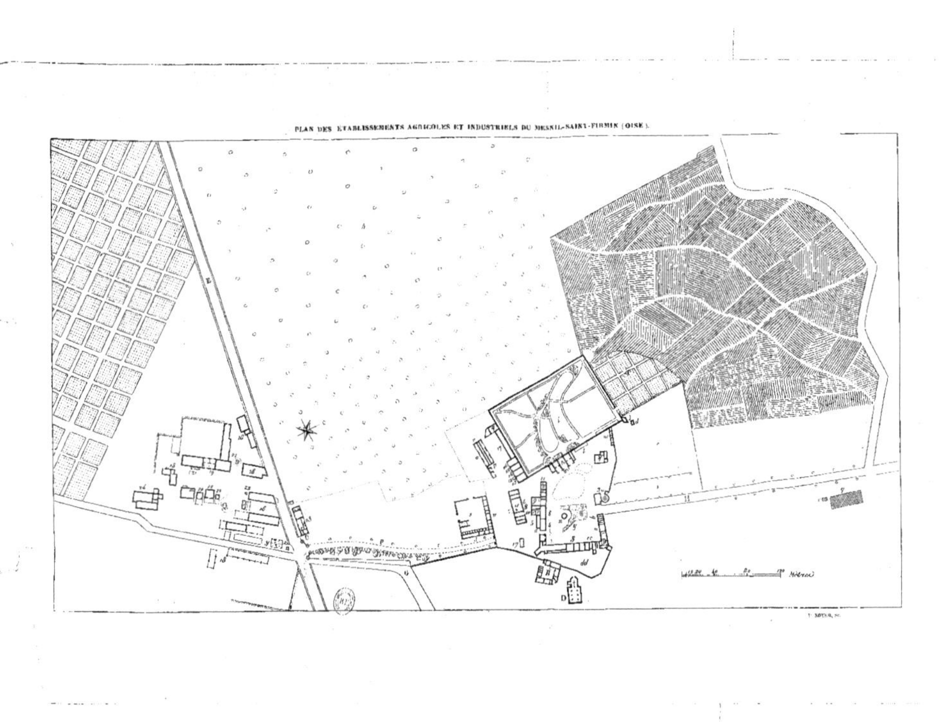

PLAN DES ÉTABLISSEMENTS AGRICOLES ET INDUSTRIELS DU MESNIL-SAINT-FIRMIN (OISE).

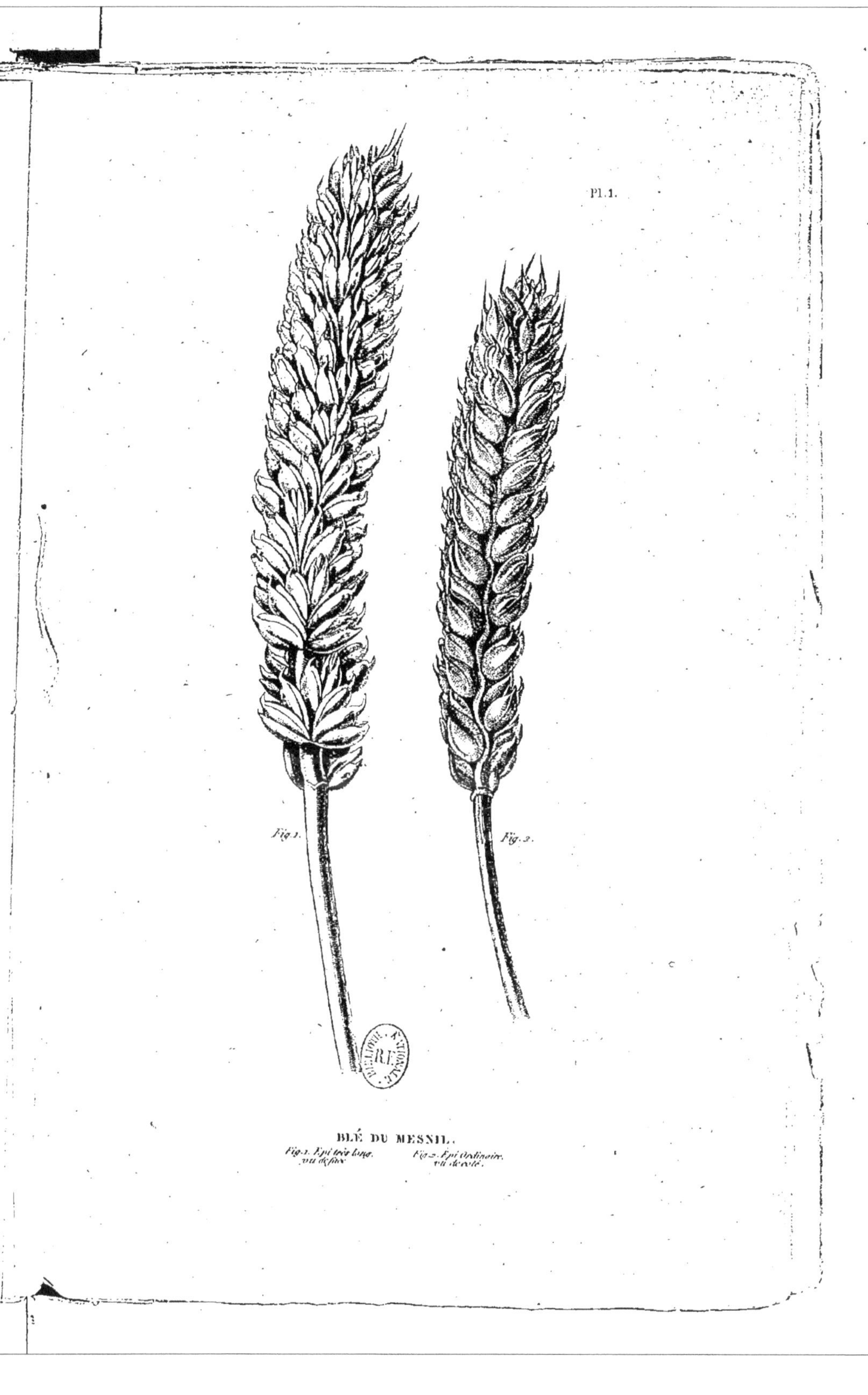

BLÉ DU MESNIL.

Fig. 1. Épi très long,
vu de face.

Fig. 2. Épi ordinaire,
vu de côté.

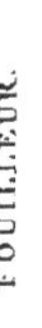

FOUILLEUR.

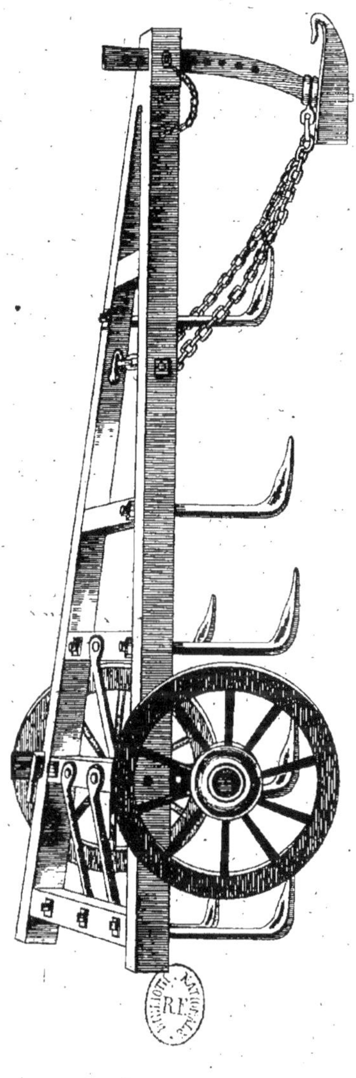
EXTIRPATEUR, vu de côté.

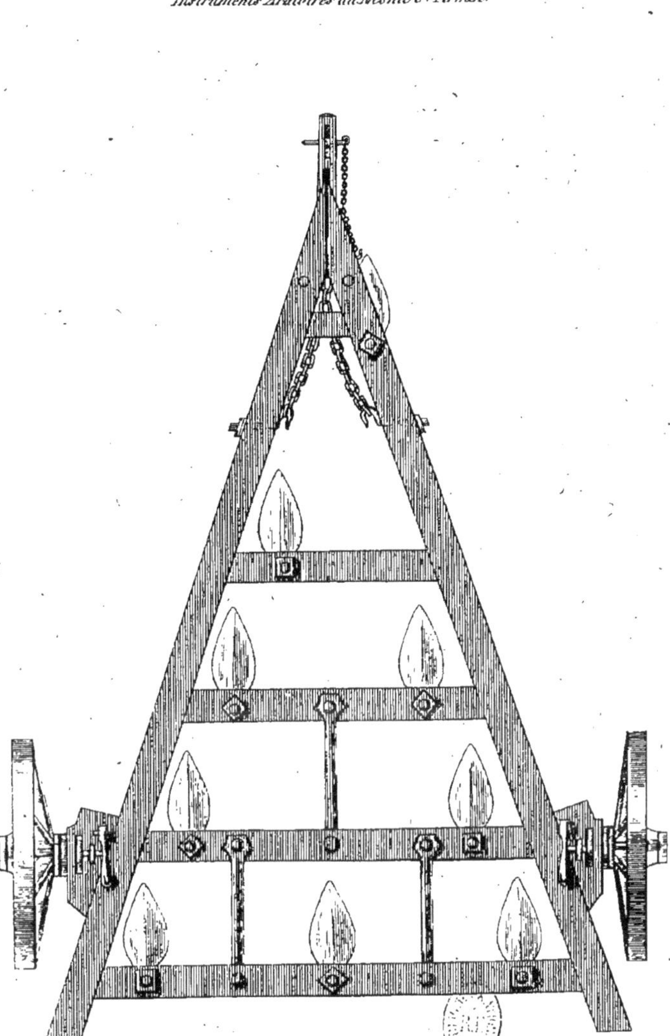

EXTIRPATEUR, vu en dessus.

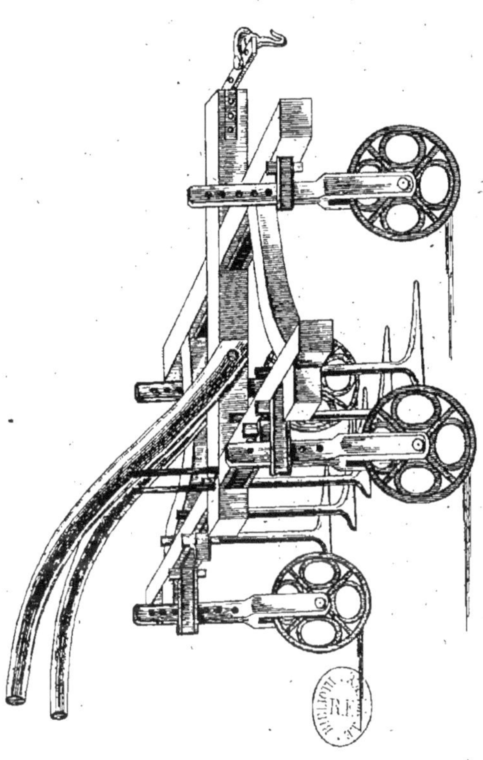
HOUE, vue de côté.

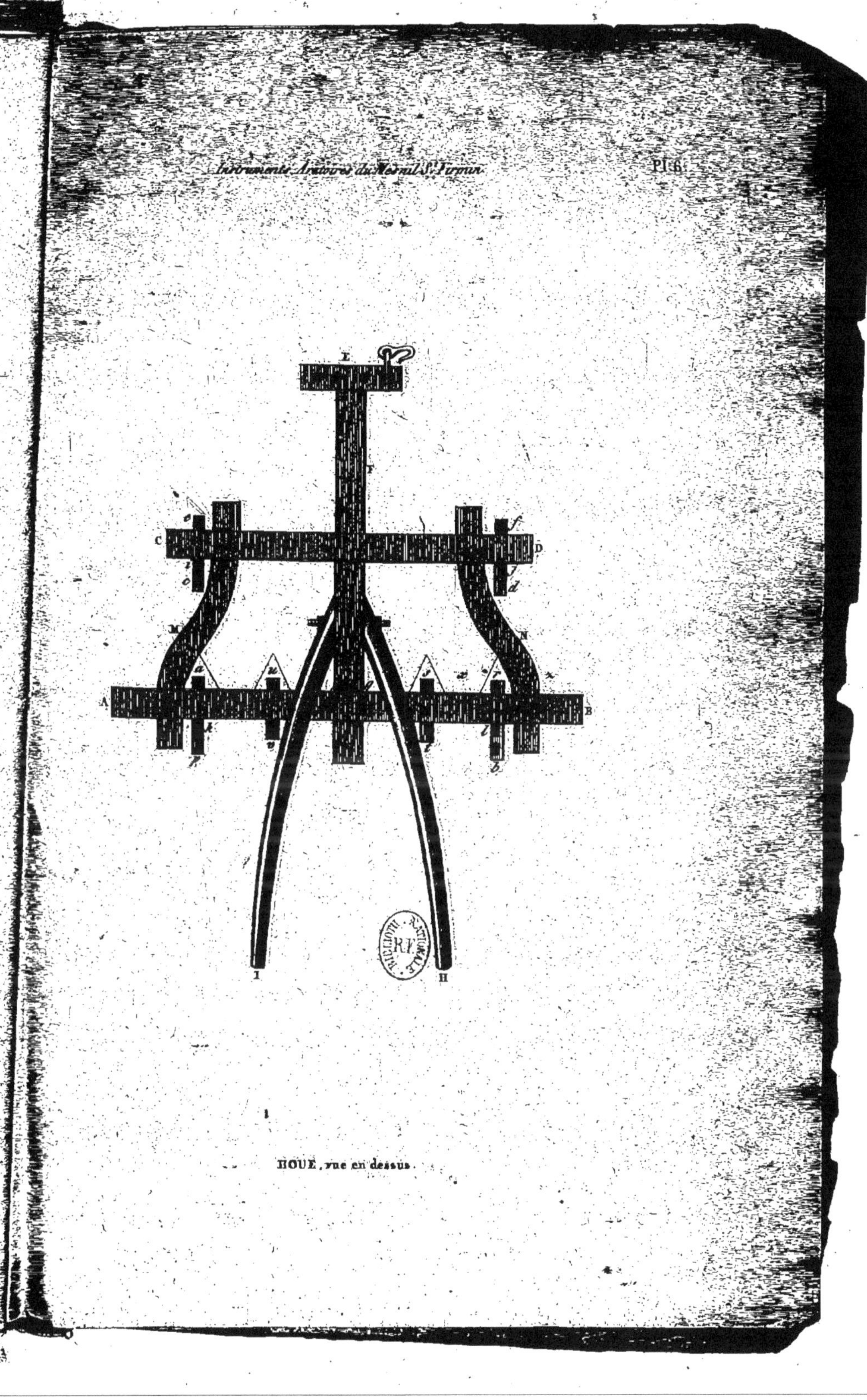

HOUE, vue en dessus.

Paris. — Imp. Schneider, rue d'Erfurth, 4.